노화는 왜 일어나는가

젊음을 잃게 하는 메커니즘

후지모토 다이사부로 지음
고인석 옮김

전파과학사

차례

1장 신체와 세포의 수명 ·········7
    노화와 수명   8
    인간의 수명   10
    동물의 수명   13
    세포의 배양   20
    배양세포의 수명   23

2. 세포 수명의 분자생물학 ·········27
    수명에 관한 학설   28
    단백질―생명을 지탱하는 분자   29
    유전자 DNA   32
    왜 이중나선인가?   34
    유전정보의 번역과 운반자 RNA   37
    발생과 분화의 수수께끼   39
    수명 프로그램설   41
    수명 에러설(說)   42
    크로스링크설   45

3. 인간의 노화와 질병 ·········49
    세포의 수명과 개체의 노화   50
    노화에 수반하는 질병   52
    사람과 쥐의 노화의 차이   56

노인성 치매　58

4. 결합조직의 노화와 콜라겐 ······· 61
몸속의 결합조직　62
세포의 접착제 콜라겐　64
콜라겐의 다양한 기능　66
콜라겐섬유와 콜라겐분자　68
콜라겐 이외의 결합조직 성분　72
나이와 더불어 늘어나는 콜라겐　74
나이와 더불어 변화하는 콜라겐　76

5. 크로스링크 3단계설 ······· 81
콜라겐의 크로스링크　82
크로스링크는 건물의 못의 구실　83
크로스링크의 화학적 정체　85
미숙한 시프염기형 크로스링크　89
새 크로스링크 피리디놀린의 등장　90
피리디놀린은「성숙」형 크로스링크　93
노화와 피리디놀린　96
노화의 크로스링크　98
동맥을 경화시키는 크로스링크　100
제3의 단백질의 존재　101
유전자에 지배되지 않는 노화 크로스링크　103

6. 노화를 초래하는 화학반응 ······· 107
식품의 가열에 의한 화학변화—메일러드 반응　108

인체 내의 메일러드 반응　110
「조리」가 생체 노화의 모델　111
산화반응과 생체노화　114
아미노산의 입체구조 변화　115
자기 면역병의 원인　118

7. 뇌와 눈의 노화 ··· 121
양성 노화와 악성 노화　122
뇌세포　123
뇌세포의 죽음　126
알츠하이머의 원섬유 변화　127
눈의 노화와 백내장　129

8. 노화를 방지하는 방법 ······································· 133
「불로불사」의 약　134
콜라겐섬유 증가의 악순환　135
나쁜 크로스링크의 정체를 파헤친다　137
차분한 기초연구야말로 필요　140

책을 끝내며
―남은 문제들과 참고문헌　148

주요용어 해설　148

1. 신체와 세포의 수명

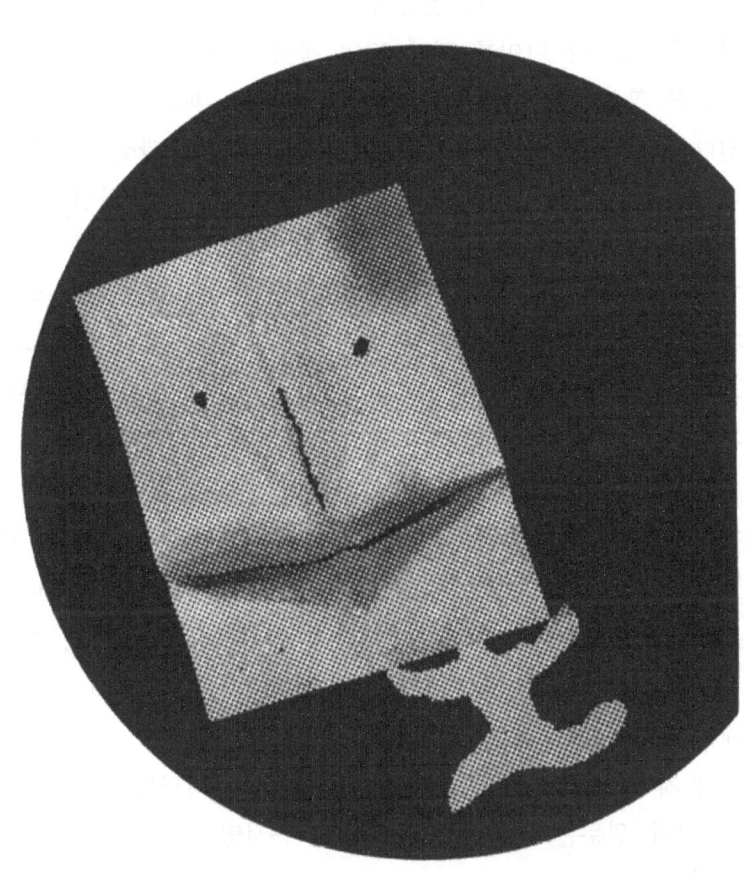

노화와 수명

생일이 기다려지는 것은 몇 살 때까지일까?「생일이 오는 것이 기쁘냐」고 중학생인 아들에게 물어보았더니 싱글거리면서「그저 그래」하고 대답하였고, 아내에게 물으니「조금도 기쁘지 않다」고 즉석에서 대답했다. 아무래도 대부분의 사람은 스물 다섯살을 지날 무렵부터는 더 나이를 먹고 싶지 않다고 생각하는 것 같다.

왜 나이를 먹고 싶지 않을까? 물론 여러 가지 이유가 있을 것이다. 그러나 나이를 먹게 되면 몸이 어떻게 되는지를 생각해보면 확실히 기쁘지 않은 일이다. 머리는 백발이 되거나 빠진다. 피부에는 주름살이 끼고 기미가 생긴다. 관절은 굳어진다. 동작도 둔화한다. 체력도 떨어진다. 다치기라도 하면 잘 낫지도 않는다. 노안이 되어 가까운 것이 잘 보이지 않게 된다. 건망증이 심해진다. 기억력도 감퇴한다. 치아도 나빠진다. 아침잠이 없어지고 텔레비전의 새벽 프로를 나날이 보게 된다(이것은 별로 나쁠 게 없다). 밸런타인데이(Valentine's Day)에 초콜릿을 받지 못하게 된다(이것은 나이를 먹은 탓이 아닐지도 모른다).

그러나 가장 싫고 두려운 것은 병일 것이다. 나이를 먹으면 걸리기 쉬운 병이 많다. 고혈압, 동맥경화, 뇌졸중, 각종 암, 당뇨병, 중풍, 관절염, 관절 류머티즘, 요통, 전립선 비대, 백내장 등등이다. 중병이 아니더라도 염분의 과다섭취는 나쁘다, 술을 줄여라, 담배를 끊어라, 단것은 나쁘다는 등등 제동이 걸리면 왠지 모르게 서글픈 생각이 든다.

나 자신의 말을 하자면, 현재 노안 현상이 나타나고 있다. 나는 원래 왼눈은 정상이고 오른눈이 근시였다. 그래서 왼눈은 보통의 유리알 근시용 안경을 쓰고 있었다. 그런데 정상이던 왼눈이 노안이 되었다. 근시인 오른눈은 아무 지장이 없다. 할 수 없이 오른눈은 보통 유리알로, 왼눈은 노안용 안경을 만들어 두 개를 늘 가지고 다니면서 갈아 쓰고 있다. 요즈음에는 원근 양용의 안경이 있지만, 어딘지 어색하여, 나의 학생 시절 때의 은사께서 하셨던 대로 나도 두 개의 안경을 가지고 다닌다. 그러나 매우 귀찮기도 하거니와 곤란한 것은 강의할 때로서, 노트를 볼 때는 노안용 안경, 학생들을 볼 때는 근시용을 쓴다. 매우 귀찮다고 같은 연배의 동료에게 말했더니, 그 선생은 「나는 강의 내용을 죄다 외우고 강의실에 들어가기 때문에 노트는 필요치 않다」라고 천연스럽게 대답했다. 나는 낙심했다. 강의 내용을 모조리 외우고 가다니 그런 재주는 나이와는 관계없이 내게는 도저히 불가능하다.

나이를 먹은 조짐은 빨리 나타나는 사람이 있고 좀처럼 나타나지 않는 사람도 있다. 개인차가 꽤 있다. 그러나 누구든지 나이를 먹게 된다. 그리고 언젠가는 죽게 되는 것이다.

「셰익스피어(W. Shakespeare)가 지금까지 살아 있어서 강연회를 연다면 아마 많은 사람이 몰려들겠지?」

「물론이지. 400년이나 살아있는 사람이 있다면 그야 보고 싶을 테니까」

이런 우스갯소리를 옛적에 어디선가 읽은 적이 있다. 현대식으로 표현한다면 이렇게 된다.

「요즈음은 여배우도 유명인사의 부인들도 누드를 보여주는 시대잖아. 만약에 클레오파트라가 지금도 살아 있다면 틀림없이 누드를 발표할 거야」

「하하, 그만둬. 그렇게 된다면 1,000살의 할망구인 걸…」

즉 내가 말하고 싶은 것은 아무리 위대한 사람이건, 미인이건, 갑부라도 모두 나이를 먹고 이윽고 죽게 된다는 것이다.

나이를 먹어 자기 자신에게 불편한 일이 나타나는 현상이 「노화(老化)」이다. 또 언젠가는 죽게 된다는 것은 「수명」이 있다는 것이다. 누구든지 간에 인간은 노화와 수명이라는 굴레에서 벗어날 수 없다는 것을 깨닫고 있는 듯이 보인다.

그러나 한편에서는, 인간은 예로부터 불로불사(不老不死), 불로장수(不老長壽)의 묘법을 추구해 왔다. 지금도 나이를 먹지 않는 건강법이라든가, 노화하지 않는 식사라든가, 강장강정(强壯强精)법이니 하는 제목의 책들이 서점의 책꽂이에 늘어서서, 사람들의 관심이 높은 것을 알 수 있다. 물론 많은 과학자가 열심히 노화와 수명 문제를 연구하고 있다. 노화는 어떤 메커니즘으로서 일어나는 것일까? 수명은 어떻게 결정되는 것일까? 노화와 수명은 어떻게 떼어 놓을 수 없는 것일까? 노화를 방지하고 수명을 연장하는 방법을 발견하는 데는 어떻게 하면 될 것인가?

현대의 과학은 그 굉장한 진보에도 불구하고, 이들 문제에 대한 올바른 해답을 아직 얻어내지 못하고 있다. 그러나 이 어려운 문제에 과학자들이 어떻게 도전하고 있는지를 아래의 각 장에서 설명하기로 한다.

인간의 수명

어느 집단에 있어서 반수가 죽고 반수가 아직 살아있을 때의 연수, 바꿔 말하면 갓 낳은 아기가 평균 몇 년쯤 살 수 있느냐는 숫자가 평균수명이다. 잘 알려진 바와 같이, 현재 일본은 세계의 몇 안 되는 수명이 긴 나라로서 일본인의 평균수명은 남자 74.20년, 여자 79.78년(1983)이다. 일본인의 평균수명을 웃도는 나라는 아마 아이슬란드뿐일 것이라고 알려져 있었는데, 최신통계에서는 일본보다 밑돌고 있는 것이 판명되어 일본이 마침내 세계 제일의 장수국이 되었다.

그러나 일본인의 평균수명도 옛날에는 훨씬 짧았었다. 일본에서는 처음으로 확실한 통계가 잡힌 1891~1898년에서는 남자 42.85년, 여자 44.3년이었다고 한다. 역시 옛날부터 여자는 남자보다 수명이 길었다. 1921~1925년의 평균수명은 남녀가 모두 1890년대와 거의 변동이 없다. 1935~1936년에는 남자 46.92년, 여자 49.63년으로 약간 상승했다. 1947년에는 남자 50.06년, 여자 53.96년으로 평균수명은 아직 낮다. 그러나 그 무렵부터 두드러지게 늘어나서 1955년에는 남자 63.60년, 여자 67.75년이 되고, 1971년에는 남자 70.17년, 여자 75.58년으로 남녀 모두 70년을 넘어 장수국들에 끼게 되었다(〈그림 1-1〉 참조).

그렇다면 일본인의 평균수명은 21세기에도 자꾸 계속하여 늘어날 것일까? 아무래도 그렇지는 않을 것 같다. 평균수명의 신장은 이제는 보합상태로 되었다고 한다. 후생성(厚生省)의 인구문제연구소의 예상은 2015년의 평균수명은 남자 75.07년, 여자 80.41년 정도로 보고 있다.*

---

* 역자 주: 우리나라 평균수명은 1985년 남자 64.9년, 여자 71.3년, 2000년대는 남자 69.3년, 여자 76.2년, 2030년대는 남자 71.7년, 여자 77.4년(보사부연감)

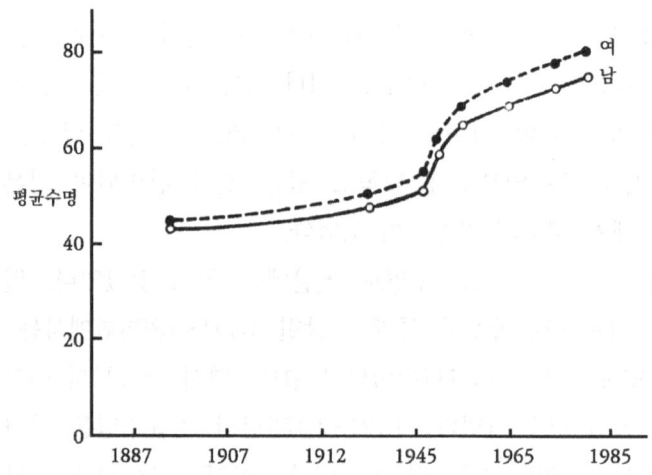

〈그림 1-1〉 일본인의 평균수명 변화. 2차 세계대전 후 두드러지게 신장했으나 이제 보합상태로 되어가고 있다

일본인의 평균수명이 최근에 두드러지게 늘어난 원인은 의학의 진보와 환경위생의 개선에 의하여 어린이의 사망률이 매우 감소한 결과라고 생각되고 있다. 갓 출생한 아기로서 비교하면 1868~1915년대 메이지(明治) 시대와 현대의 평균수명은 30년 이상이나 길어진 셈인데, 만약 70세 이상의 노인에서 비교하면 [평균해서 앞으로 몇 해를 더 살 수 있느냐—즉 평균여명(平均余命)을 비교하면] 별로 큰 차가 없을 것 같다고 한다.

현재의 일본인의 사망원인은 1위가 암, 2위가 뇌졸중, 3위가 심장병이다. 만약에 암의 치료법이 발견되어 암을 완전히 고칠 수가 있다면, 평균수명은 3.13년이 더 늘어난다고 한다. 마찬가지로 뇌졸중을 극복할 수 있으면 2.13년, 심장병을 완치할 수 있으면 1.93년만큼 평균수명이 늘어난다고 계산되고 있다.

이것을 뒤집어 말하면 과학이 진보하여 일본인의 3대 질환을 제압할 수 있다고 하여도 수명은 고작 10년 정도밖에는 연장되지 않는 것이 된다.

이런 사실은 문명이 아무리 진보하더라도 인간에는 수명의 한계가 있다는 것을 가리키고 있다. 많은 학자는 인간의 한계적 수명은 100살을 조금 넘을 정도일 것이라 생각하고 있다.

동물의 수명

인간에는 한계적 수명이 있으리라는 것을 알았지만, 그렇다면 생물에는 모두 수명이 있는 것일까? 살아있는 것들은 반드시 죽는 것일까?

가장 간단한 생물인 박테리아-세균을 생각해 보자. 대장균과 같은 박테리아는 몸체가 단 하나의 세포로써 이루어져 있다. 즉 단세포 생물이다. 대장균이 자손을 만드는 방식은 자신의 몸을 두 동강으로 하여 2개의 세포를 만들 뿐이다. 분열된 세포는 각각 독립된 대장균으로 되고, 다시 분열하여 증식해 간다. 영양분이 있고 온도 그 밖의 조건이 갖추어져 있으면, 대장균은 무한히 분열하여 증식할 수가 있다. 자신의 몸이 두 동강으로 되어 각각이 독립된 생물이 되기 때문에, 본래의 어미대장균은 없어졌다고도 할 수 있고, 두 개로 되어 존속하고 있다고도 말할 수 있다. 즉 이와 같은 생물에서는 개체라는 것이 확실치 않으므로 개체의 수명이라는 것은 생각하기 곤란하다.

그렇다면 나무와 같은 식물의 경우는 어떠할까? 사찰이나 국립공원 등의 경내에는, 수령이 수백 년~천년 이상이나 되는 거목을 볼 수가 있다.

〈사진 1-2〉 낙뢰와 폭풍에 살아남은 오쿠시마의 노송

일본 규슈(九州) 가고시마(座兒島)현의 오쿠시마(屋久島)에 있는 조몬(織文) 삼나무라고 불리는 삼나무는 수령이 7000년을 넘는다고 한다. 전문가는 이 나무의 진짜 나이가 4000년 정도일 것이라고 보고 있지만, 그렇다 하더라도 굉장한 노령이다. 나무는 잎으로 광합성(光合成)을 하고 이산화탄소로부터 유기물을 생산하여 살아가고 있다. 한편, 잎이 아닌 부분—가지, 뿌리, 줄기 등은 호흡을 하여 유기물질을 소비하고 있다. 삼림 등에서 나무가 너무 무성하게 자라, 잎이 서로를 방해하면 충분한 태양에너지를 받지 못한다. 결국 광합성이 호흡을 따라가지 못하면 나무는 말라 죽는다. 보통 빽빽하게 자란 원시림에서는 나무는 250~300년 정도에서 말라 죽는 것이 보통이라고 한다. 그러나 사찰의 거목처럼 고립해 있으면서도 다른 나무에 방해되지 않고, 광합성과 호흡의 균형이 잡혀 있는 나무라면, 그의

노화나 수명은 이론상으로는 생각할 수 없다고 한다. 태풍이나 기후의 큰 변동 때문에 죽는 경우가 많은 것이다.

그러면, 인간 이외 동물의 경우는 일정한 수명이 있을까? 지구 위에는 포유동물과 같은 고등동물에서부터 훨씬 간단한 몸을 갖는 하등동물까지 갖가지 동물이 있고, 수명 문제 역시 다양하다.

매미나 하루살이 같은 곤충은 성충이 되면 몸속의 주된 세포는 분열도 하지 않고 곧 죽어버린다. 수명이 몹시 짧고, 더구나 확실히 정해져 있는 것이 보통이다. 한편, 불가사리 같은 어떤 종류의 강장동물(腔腸動物)에서는 몸을 두 토막으로 자르면 양쪽의 단면으로부터 완전한 동물체가 생성된다. 즉 재생력이 강해서 마치 대장균의 경우와 같이 개체가 분명하지 않고, 따라서 개체의 수명도 확실하지 않다.

인간에 가장 가까운 척추동물에서는 어떨까? 야생 물고기의 수명을 정확히 측정하는 것은 매우 어렵다. 그러나 송사리처럼 실험실 속에서 충분히 관찰되고 있는 것도 있다. 송사리의 경우는 수명이 약 1,000일이라고 한다. 그러나 같은 종류의 물고기라도 환경에 따라서 좌우되는 것이 보통이다. 또, 설사 수명이 있다고 하더라도 충분한 먹이와 좋은 환경을 주면 일생 물고기의 몸의 성장은 무한히 계속되고, 일반적인 의미에서의 노화는 없다고 생각하는 학자도 있다. 인간의 경우와는 매우 차이가 있을 것 같다.

그렇다면 포유동물의 경우는 어떨까?

인간 이외 포유동물의 경우도, 그 평균수명을 안다는 것은 일반적으로 매우 곤란하다. 첫째로 인간과 같이 호적이 없기 때문이다. 인간의 경우에도 나이를 정확하게 알게 된 것은 근대적인 호적제도가 생긴 이후부터이지, 그 이전의 전설적 초고령자의 나이는 의심스럽게 생각되고 있다. 동물의 경우, 나이의 추정재료로써 가장 사용되는 것은 치아이다. 그러나 치아에 의한 추측도 학자에 따라서 꽤 차이가 있는 것 같다.

일본 오이타(大分)현에 있는 다카사키(高峰)산의 일본원숭이 무리의 주피터라는 이름의 우두머리 원숭이가 죽었을 때, 미국의 어느 학자가 그 나이를 14~15세로 추정했으나 일본의 학자는 약 30세라고 보았다. 이처럼, 나이를 추측한다는 것은 매우 곤란한 일이다.

둘째로 야생동물인 경우, 이른바 천수를 다하는 경우는 매우 적다고 알려져 있다. 백수(百獸)의 왕 사자는 적의 습격을 받아서 죽는 일이 없고 수명을 다할 때까지 살 수 있는 것처럼 생각되지만, 사실 그렇지는 않다. 동물학자 샤라가 23마리의 야생 사자를 조사한 결과, 약 40%가 한창의 활동기에 죽었다고 한다. 사인의 41%는 올가미나 엽총에 의한 것이고, 18%가 질병, 23%가 사자들끼리의 싸움, 9%가 먹이들로부터 입은 상처였다고 한다. 노령으로 죽었다고 생각되는 사자는 고작 9%이었다. 백수의 왕 사자의 생활에도 위험은 가득하다. 인간은 사자보다 훨씬 안전한 생활을 하고 있으며, 인간이 사자보다 위험한 일이 있다고 한다면 「자살」의 가능성뿐일 것이다. 하기는 인간 이외의 동물이 절대로 자살하지 않는지 어떤지는 나도 알 수 없다. 어느 날 친구와 함께 호수에서 배로 낚시하고 있었을 때 일이다. 몸길이 30㎝나 되는 큰 숭어가 스스로 배 위로 뛰어 들어 왔다. 이것은 아무리 보아도 숭어가 자살하려 한 것이 아닌가

1. 신체와 세포의 수명   17

사자의 생활은 위험이 가득하여 좀처럼 수명을 다하기까지 살아남지 못한다

하고 우리는 이야기했었다. 내가 근무하고 있는 대학에는 자살의 연구로 매우 저명한 정신과 선생님이 계셨다. 「큰 숭어의 자살」 설에 대하여 그 선생님에게 물어보려 생각했으나 「자살설은 큰 허풍」이라고 핀잔받을 것 같아서 그만두고 말았다.

여담은 이쯤하고, 다시 동물의 수명에 대한 이야기로 되돌아가자.

야생이 아닌 동물원 등에서 사육하고 있는 동물에 대하여서는 많은 자료가 있다. 28군데의 동물원에서 약 100마리의 사자에 대하여 조사한 결과, 평균수명은 13년, 장수기록은 30년이라고 한다. 동물원의 기록에 의하면 30년 이상이나 사는 것은 곰의 무리(큰곰, 북극곰)와 코끼리이고, 다음이 원숭이류, 초식동물, 대형 육식 짐승이라고 한다.

가축이나 애완동물(Pet)에 관한 자료도 있다. 개의 수명은 대체로 12~15세 정도로 생각되고 있으나, 기록적인 것으로는 28세까지 산 개도 있다고 한다. 고양이의 수명도 12년 정도로 생각되고 있으나 동물문학자인 히라이와(平岩米吉) 씨에 따르면 최고 36세 반이라는 기록도 있다고 한다. 참고로 영국의 장수 고양이의 기록은 34세, 미국의 기록은 31세라고 한다. 일본은 인간뿐만 아니라 애완동물의 장수 나라인지도 모른다.

이처럼 정확한 측정은 곤란하다고 하더라도 포유동물에는 역시 각각 정해진 수명이 있는 것 같다. 이상의 자료를 정리해 보면, 쥐의 평균수명은 약 2.5년, 토끼는 5~7년, 개는 12~15년, 말은 40~50년, 그리고 코끼리는 100년 정도로 본다.

이와 같은 자료로부터 수명의 법칙성을 알 수는 없을까? 금방 생각이 미치는 것은, 일반적으로 몸집이 큰 동물이 수명이 길고, 몸이 작은 동물이 수명이 짧다는 것이다. 좀 더 과학적으로 생각하면 다음과 같다. 포유동물은 호흡하여 얻은 산소로써 연소하여 살아가기 위해 필요한 에너지를 얻고 있다. 물론, 큰 동물일수록 에너지의 소비량이 많고, 따라서 산소의 소비량도 많다. 그러나 산소의 소비량을 체중 당으로 비교하면 몸이 작은 동물일수록 커진다. 즉, 체적을 기준하여 몸이 작은 동물일수록 에너지 소비량이 많으므로, 살아가기 위해서는 엔진을 계속하여 맹렬하게 작동하지 않으면 안 된다는 계산이 나온다.

그래서, 각종 동물에 대한 산소 소비량과 수명과의 관계를 대수(對數)그래프로 그려 보면 뚜렷한 반대의 관계가 있는 것을 알 수 있다(〈그림 1-3〉 참조). 엔진을 세차게 계속 움직이는 동물일수록 소모가 심하고 수명이 짧다고 말할 수 있을 것 같다.

이 그림에 인간의 데이터를 첨가해 보자. 그러면 완전히 동

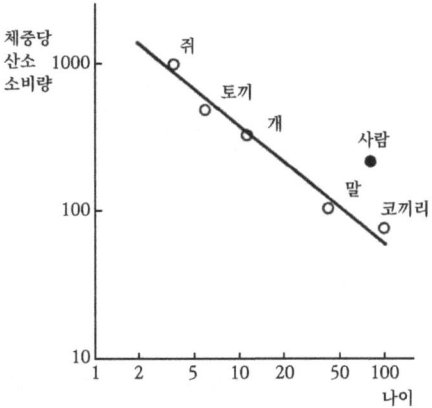

〈그림 1-3〉 나이와 체중당 산소 소비량

떨어진 곳에 있게 된다. 산소 소비량으로부터 관찰하면, 인간의 수명은 20세쯤으로 예상되는데도 실제는 훨씬 더 길다.

이것으로부터 보면, 인간은 전혀 예외적인 동물이다. 인간만은 대뇌피질의 이상발달―즉, 두뇌의 우수성으로 해서 자연을 탈출하고 자연을 극복했기 때문에 이 관계는 적용되지 않는다는 견해가 있다.

두뇌의 우수성이라는 관점으로부터 인간을 포함한 포유동물의 수명의 법칙성을 생각하고 있는 사람도 있다. 세이셔라는 사람은 다음과 같은 수식에 의하여 수명을 나타낼 수 있다고 제창하고 있다.

$\log(수명) = 0.636 \log(뇌중량) - 0.222 \log(체중) + 1.035$

이 식으로 계산한 수명의 예상 값은 다음과 같고, 실제로 관측된 수명과 일치한다.

생쥐	3.2년
개	21년
말	38년
코끼리	89년
사람	92년

이 식이라면 뇌의 무게가 플러스(+) 인자로, 체중은 마이너스 (-)의 인자로 되어 있다. 즉, 머리가 좋고 야윈 것일수록 장수할 수 있다는 것이 된다. 살찐 돼지보다는 야윈 소크라테스(Socrates)가 수명이 긴 것이다.

세포의 배양

노화가 어떠한 메커니즘으로서 일어나고, 수명이 어떤 구조로써 결정되는가를 연구하는 데는 적당한 재료가 필요하다. 우리의 최대의 관심은 물론 인간의 노화이며 인간의 수명이다. 그러나 인간을 실험재료로 쓸 수는 없다. 따라서 인간의 노화에 수반하는 변화는 오랜 시간이 걸린다. 어느 특정 개인 또는 그룹의 노화를 관찰하여 가는 것이 가장 이상적이지만, 그러는 동안에 연구자 자신도 늙어버리고 만다.

그래서 실험실에서 사육할 수 있고, 더구나 수명이 짧은 동물이라는 점에서 생쥐나 흰쥐가 흔히 이용된다. 그래도 수명은 2~3년이나 된다. 만약, 나이 먹은 쥐를 실험에 쓰기 위해 2년을 기다려야 한다고 생각하면 2년이 결코 짧지 않다는 것을 알 것이다. 예컨대, 대학원의 박사과정은 3~4년밖에 연구 기간이 없다. 첫 2년쯤은 그저 놀고 지내려는 학생에게는 안성맞춤일 지도 모르지만.

나이가 많은 동물을 만들기 위해서는 시간 이외에 먹이와 공간도 필요하다. 내가 있는 대학에서는, 쥐는 하루 한 마리에 3엔, 토끼는 하루 40엔, 개는 하루 100엔의 사룟값을 징수한다. 다른 대학보다는 싸다고 실험 동물 시설과장은 생색을 내지만, 100마리의 동물을 2년간이나 사육한다면 돈이 꽤 든다. 미국은 일본과는 달라서 나이가 많은 쥐를 즉석에서 사들일 수가 있는 것 같다. 편리하지만 역시 비싸다. 미국의 친지에게 문의하였더니, 2년 정도의 쥐는 한 마리에 300달러나 한다고 한다.

수명의 길이는 제쳐두고라도 인간이나 쥐 등의 포유동물은 가장 고등한 동물이며, 몸의 구조는 매우 복잡하다. 예컨대 신체는 뇌, 심장, 간장, 신장, 근육 등 많은 장기(臟器)로 분화되어 있고, 각각 다른 세포집단으로써 이루어져 있다. 만일, 수명을 결정하는 메커니즘이 동물에게 공통적이라면 열등한 동물을 재료로 사용하는 것이 유리하게 여겨진다. 그와 같은 입장에서 선충이나 짚신벌레 등을 실험에 쓰는 경우가 있다. 선충은 한 세대가 4~6일, 수명이 20~40일이다. 참고로 소나무 마름병의 원인으로 치고 있는 것도 선충의 무리이다.

그러나 노화 연구의 가장 유력한 재료는 배양한 세포이다.

잘 알려져 있듯이, 세포는 생명의 기본단위이다. 선충도 쥐도 인간도 세포가 집합해서 이루어져 있다. 선충의 몸은 대략 1,000개의 세포로부터, 그리고 인간의 몸은 약 5조 개의 세포로 구성되어 있다. 또 인간의 경우, 간장은 간장 특유의 세포군으로부터, 뇌는 뇌 특유의 세포군(한 종류의 세포라고는 한정되지

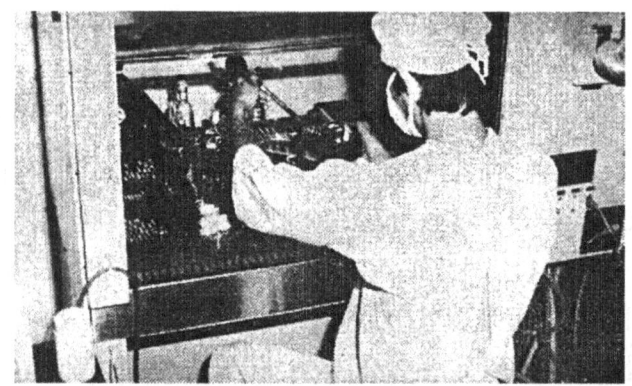

〈사진 1-4〉 세포배양실험(세포를 이식하고 있는 장면. 세균이나 곰팡이가 섞여들지 않게 연구하고 있다)

않는다)으로부터 구성된 것이다.

간장을 추출하여 적당한 방법으로 집합해 있는 세포를 낱낱으로 분산시킨다. 그리고 분산된 세포를 유리병에 넣고, 영양물을 함유한 용액을 넣어서 37℃로 보온하여 두면, 세포는 죽지 않고 계속하여 생존한다. 단지 살아가기만 할 뿐 아니라 세포분열을 하여 증식해 간다. 세포의 종류나 조건에 따라서도 다르지만 약 하루에서 이틀이면 세포의 수는 배로 늘어난다.

이것이 세포배양이다. 동물의 몸의 일부를 끄집어내어 유리용기 속에 그 생명을 유지한다는 획기적인 실험을 처음으로 한 것은 1907년, 해리슨(R. G. Harrison)이다.

배양한 세포를 사용하면, 인공적으로 단순화한 환경 조건 아래서 그 세포의 기능이나 성질을 직접 조사할 수가 있기 때문에 매우 유력한 연구수단으로 주목받았다. 물론 세균이나 곰팡이가 섞여들지 않게 세심한 주의를 기울여야 하며, 영양소를 보강해 주어야 한다.

배양세포의 수명

세포의 집단인 개체에 수명이 있다면, 추출한 하나하나의 세포에도 수명이 있는 것일까?

유리병에 넣은 세포를 영양액 속에서 보온하면 세포는 분열하고 증식해 간다. 이윽고 유리병 속이 가득 차게 증식하는데, 그렇게 되면 거기서 분열이 멈춘다. 정상적인 세포는 접촉억제(Contact Inhibition)라고 하여, 서로가 접촉하게 되면 그 이상은 분열하지 않게 되는 성질을 지니고 있다. 그러나 병 속에 가득 찬 세포의 일부분을 끄집어내어, 새로운 영양액이 들어 있는 병에 옮겨 주면 세포는 다시 분열하여 간다. 이것이 세포의 「부식(扶植)」이다.

1950년대부터는 세포를 배양하는 연구가 활발하게 이루어지게 되었다. 그리고 인간으로부터 취한 세포를 몇 번이고 부식하여 배양하는 동안에 기묘한 현상이 발견되었다. 수년 이상에 걸쳐서 배양하여 본즉, 어디까지나 계속하여 증식할 수 있는 세포는 모두가 암세포의 성질을 나타내는 것뿐이었다. 정상적인 세포의 성질을 지닌 세포는 처음에는 분열을 계속하지만, 몇 번쯤 분열을 시키고 있으면 반년쯤 사이에 분열하는 능력을 상실하여 사멸하였다.

처음에 이 현상은 실험조작상의 과오, 즉 영양물이 부적당했거나 바이러스(여과성 미생물)가 혼입했거나 한 탓으로 생각되었다.

그러나 1960년대 미국의 생물학자 헤이플릭은 이 현상을 상세히 연구하였다. 그는 인간 태아의 세포가 약 50번의 분열을 반복하면 분열능력을 상실하며, 성인으로부터 추출한 세포는 약 20번을 분열하면 분열능력을 상실한다는 것을 발견했다. 또

50번을 분열하는 능력이 있는 태아의 세포를 20번을 분열 한 데서 액체질소 속에 넣어서 동결해 보았다. 3~70주간 동결 보존한 후, 다시 녹여서 배양을 시작하였더니 다시 분열을 시작했다. 그러나 그 분열능력은 동결 보존했던 기간과는 관계없이 나머지 분열 횟수, 즉 30번을 분열하고는 정지하였다. 또 노인으로부터 취한 세포와 젊은 사람으로부터 취한 세포를 섞어서 배양해 본즉, 각각의 세포는 상대방의 영향을 받지 않고 자신의 수명으로서 사멸하였다.

이와 같은 실험 결과로부터 헤이플릭은 정상 세포는 영원히 살 수 있는 것이 아니고, 각각 정해진 수명이 있다는 것을 제창하였다.

이것은 노화 연구에 있어서 획기적인 발견이었다. 세포에 수명이 있다고 하는 생각은, 실은 1880년대 독일의 바이즈만(A. F. L. Weisman)이 발설했으나 헤이플릭 등의 연구가 이루어지기까지만 해도 무시되고 있었다. 최근에 세포노화학(細胞老化學)의 시조로서는 바이즈만이 재평가되는 듯하다.

헤이플릭의 설을 지지하는 실험 결과는 그 후 여러 편이 보고되어 있다. 더구나 재미있는 것은 수명이 다른 각종 동물의 태아로부터 취한 세포의 분열능력을 비교해 보면, 수명이 약 2.5년인 생쥐가 14~28번, 수명이 약 30년인 닭이 15~35번, 수명이 약 90년인 인간이 40~60번, 수명이 175년(이것은 확실한 숫자는 아니지만)이라고 알려진 갈라파고스 거북이[남태평양 갈라파고스 제도(Galapagos Islands) 서식]가 72~114번으로서, 배양세포의 수명과 개체의 수명 사이에는 관계가 있다는 것이 나타나 있다.

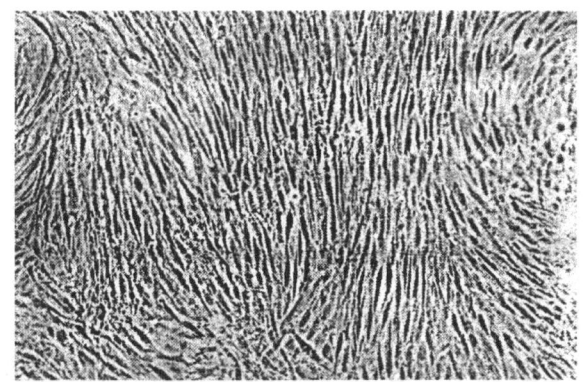
〔젊은 세포〕 길쭉한 형태의 세포들이 가지런히 배열해 있다

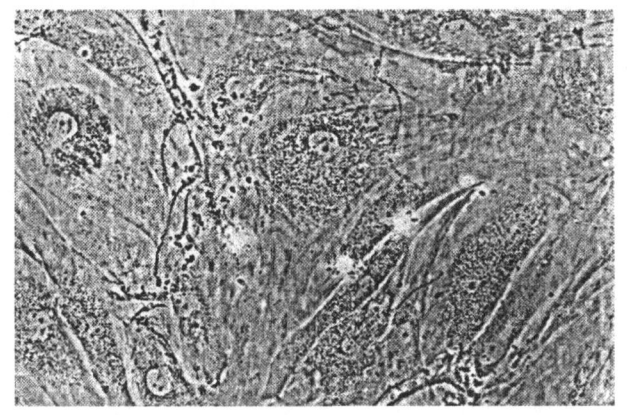
〔늙은 세포〕 세포는 팽창한 형태를 하고 있고, 배열도 가지런하지 않다
〈사진 1-5〉 젊은 세포와 늙은 세포(하마마쓰 의대, 나이토 박사 제공)

 배양한 세포는 수명이 있을 뿐만 아니라 노화도 나타난다. 〈사진 1-5〉는 섬유아세포(Fibroblast)라고 불리는 종류의 세포로서, 막 배양시킨 젊은 세포와 배양을 계속하여 나이를 먹은 (늙은) 세포이다.
 나이를 먹은 세포는 젊은 세포와 같이 규칙적이고 팽팽한 형태를 취하지 않고, 흐물흐물하게 부푼 형태를 하고 있다. 세포 속의 구조도 이상하게 되어 있어, 핵이 깨어지거나 변성과립(變性顆降)이라고 일컫는 것이 나타난다.

그러나 모든 세포가 반드시 노화하고 죽음에 이르는가 하면 반드시 그렇지는 않다. 노화나 죽음과는 관계가 없는 세포가 두 종류 있다. 하나는 생식세포(난자와 정자), 또 하나는 암세포이다. 암세포는 정상 세포와는 달리 무한히 분열을 반복할 수 있다. 유명한 세포로 헬라(HeLa) 세포가 있다. 전 세계의 연구실에서 이 세포를 증식하여 연구에 사용하고 있다. 이 세포는 1951년 미국의 헨리에터 랙스(Henrietta Lacks)라는 젊은 부인의 자궁경부암으로부터 추출된 세포이다. 이 부인은 암으로 죽었으나 그의 세포는 아직까지 살고 있어 헬라 세포라는 이름으로 불리고 있다.

2. 세포 수명의 분자생물학

수명에 관한 학설

헤이플릭 등이 제시했듯이 정상적인 세포에는 수명이 있고 노화도 일어난다면, 그 수명은 도대체 어떤 메커니즘으로써 결정되는 것일까?

배양세포의 수명이나 노화의 구조를 설명하기 위해 수많은 학설이 제출되었다. 세포가 분열하기 위해서는 어떤 특별한 물질이 필요한데, 세포가 그 물질을 새로이 만들거나 보급할 수 없기 때문이라는 가설이 있다. 그렇다면 세포는 그 물질을 차츰차츰 소비하고 이윽고 줄어 버린다. 즉, 그 물질의 양에 따라서 세포의 수명이 결정된다. 이 생각은 얼핏 보기에는 세포의 수명을 잘 설명할 수 있듯이 보이지만, 잘 생각해보면 그다지 현실성이 없다. 인간의 태아로부터 취한 세포는 약 50번이나 분열할 수 있다. 50번을 분열한 뒤에 각 세포에 1개인 이 필요물질의 분자가 남아 있다면, 처음의 세포에는 2^{50}개나 있었다는 이야기가 된다. 2^{50}개란 약 1,000조 개로서, 세포 1개 속의 물의 분자의 수의 대충 50배라는 큰 수로 되어 버리므로 이렇게 많은 양의 그 물질이 처음의 세포 1개 속에 채워져 있다고는 도저히 생각할 수 없다.

현재 가장 유력한 학설을 들면 다음의 두 가지일 것이다.

하나는 생물은 자기붕괴를 하는 것과 같은 프로그램을 갖고 태어난다고 하는 생각으로, 이것을 「프로그램설(說)」이라고 한다. 또 하나는 세포가 분열을 반복하는 동안에 여러 가지로 과오를 일으키거나 유전자에 손상을 입기 때문에 노화하여 이윽고 죽음에 이른다고 하는 설로서 이것은 「에러설(說)」이라고 한다.

이 두 가지의 설을 설명하기에 앞서, 분자생물학의 기본적인 지식을 약간 설명해 두기로 한다. 분자생물학이란, 생명현상을 분자의 수준에서 해명하려는 학문이다. 지금의 분자생물학의 눈부신 진보는 독자 여러분도 잘 알고 있을 것이다. 바야흐로 분자생물학은 우리 가정에까지 끼어들고 있기 때문에, 지금부터 말하는 설명은 어쩌면 쓸데없는 일일지도 모른다.

단백질—생명을 지탱하는 분자

「생명이란 무엇이냐?」, 「생물이란 무엇이냐?」라는 질문에 대답하기는 매우 어렵다. 그러나 생명을 지니는 것—생물—에 공통적인 특징이 무엇이냐는 물음에는 곧 대답할 수 있다. 생물의 가장 기본적인 성질은 「자기증식」의 성질, 즉 어버이로부터 어버이와 똑같은 아이가 생긴다는 성질이다. 개구리로부터는 개구리가 태어난다. 나팔꽃의 씨앗을 심으면 나팔꽃이 나온다. 이 성질이 있었기 때문에 생물은 지구 위에서 20억 년도 생존해 올 수 있었다. 「자기증식」은 즉, 「자기복제」의 비밀은 생물의 몸이 지니고 있는 거대한 분자, 즉 DNA, RNA, 단백질이라는 세 종류의 거대분자 속에 있다. DNA, RNA, 단백질은 각각 생물이 지니는 정보를 「저장」, 「전달」, 「표현」하는 역할을 지니고 있다는 것이다.

보통의 세포에서는 중량의 약 20%가 단백질이다. 세포의 중량의 약 70%는 물이므로, 물을 제외하고는 세포 속에 가장 많이 있는 물질이라고 할 수 있다. 단백질의 분자량은 수천에서 수십만에 이른다. 수소가스의 분자량이 2, 물의 분자량이 18, 에틸알코올의 분자량이 46이므로 그러한 물질에 비교해서 매우 큰 분자라고 할 수 있다. 세포 속의 단백질의 다른 특징은 매우 종류가 다양하다는 점이다. 대장균의 세포에는 약 5,000종류의 단백질이 있다. 인간의 세포에서는 종류가 더욱더 많을 것으로 생각된다. 더구나 대장균의 단백질과 인간의 단백질에는 우선 똑같은 것이 없다. 즉 생물의 종류가 다르면 완전히 다른 것이다. 지구 위의 생물 전체로서는 단백질의 종류가 100억~1조 종류나 있다고 한다. 화학 교과서에는, 화학자가 현재까지 합성한 화합물이 약 100만 종류라고 쓰여 있다. 단백질의 종류는 이것과 비교하면 엄청나게 많은 셈이다.

염산과 같은 강한 산과 단백질을 함께 가열하면, 단백질은 파괴되고 아미노산이라고 불리는 화합물이 생성된다. 아미노산은 하나의 분자 속에 아미노기($-NH_2$)와 카복실기($-COOH$)를 가진 화합물로서, 분자량은 100 정도, 즉 보통의 화학실험실에서 다루는 화합물과 같을 정도의 작은 분자이다. 아미노산 류의 일반적인 구조식을 표시하면 〈그림 2-1〉과 같다. 이 식에서 R은 개개의 아미노산에 따라서 달라진다. R이 H인 것은 글리신, R이 메틸기($-CH_3$)인 것은 알라닌(Alanine)이라고 불린다. 단백질은 아미노산끼리가 아미노기와 카복실기가 결합하여(이 화학결합을 펩타이드결합이라고 한다) 길게 이어진 것이다(〈그림 2-2〉 참조).

보통의 단백질을 구성하고 있는 아미노산은 20종이다. 100억 종류 이상이 있는 단백질도 존재하기는 하나, 기본적으로는 고작 20종류의 아미노산으로써 구성되어 있다. 20종류의 아미노산이 어떤 순서로 연결되어 있느냐에 따라서 단백질의 종류가 결정된다. 평균적인 단백질은 아미노산이 500개쯤 연결되어

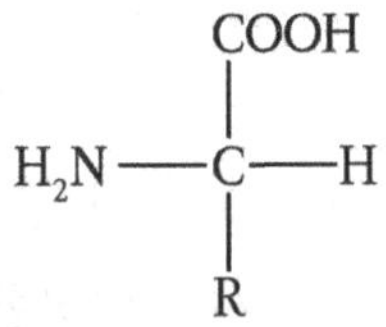

$$\text{H}_2\text{N} - \underset{\underset{R}{|}}{\overset{\overset{\text{COOH}}{|}}{C}} - \text{H}$$

〈그림 2-1〉 아미노산의 일반적인 구조식

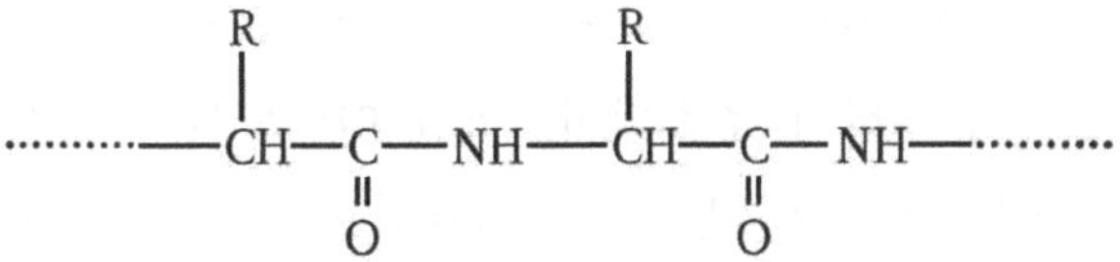

$$\cdots - \underset{}{\text{CH}} - \underset{\underset{\text{O}}{\|}}{C} - \text{NH} - \underset{}{\text{CH}} - \underset{\underset{\text{O}}{\|}}{C} - \text{NH} - \cdots$$
(R 위에 각각 표시)

〈그림 2-2〉 단백질 속의 아미노산 존재 상태(펩타이드결합)

있으므로, 가능한 종류는 20^{500}개가 된다. 이것은 상상조차 할 수 없는 거대한 수로서 생명의 무한한 가능성과 신비성을 엿보게 한다.

생물의 몸속에서 단백질은 다채로운 활동을 펼친다. 대표적인 단백질은 「효소」라고 불리는 한 무리의 단백질이다. 효소는 몸속에서 일어나는 화학반응의 촉매 구실을 한다. 생물의 몸속에서는 먹이와 물과 공기로부터 몸의 유지와 성장에 필요한 물질을 만들고, 에너지를 끌어내고, 또 불필요하게 된 것을 분해하는 등 많은 화학반응이 일어난다. 우리가 화학실험실에서 물질의 합성이나 분해의 실험을 할 때는, 대개 가스버너로 가열하거나 짙은 황산을 넣거나 물을 제거하여 알코올이나 에테르 속에서 반응한다. 즉, 격렬한 조건이 필요하다.

그런데 몸속에서 일어나는 화학반응은 약 37℃의 낮은 온도에서 산도 알칼리도 사용하지 않는 온화한 조건의 물속에서 일어난다. 더구나 수많은 복잡한 화학반응이 착오 없이 일어나고 있다. 이것에는 아무리 솜씨가 좋은 화학자도 따라갈 수가 없다.

생체 내 화학반응의 비밀은 효소의 존재에 있다. 어느 효소는 어느 일정한 물질에 사용하고, 일정한 화학 변화를 일으킬 수가 있다. 더구나 37℃ 정도의 온도 아래서 재빠르게 반응을 일으키는 것이다. 당연히 생물의 몸속에는 필요한 화학반응의 수만큼, 즉 수천 종류의 효소가 존재하고 있다. 오늘날에는 수많은 효소가 순수하게 추출되어, 어떤 아미노산이 어떤 순서로 연결되어 있는지도 밝혀졌고 또 입체적으로 어떤 형태를 만들고 있는지도 밝혀져 있다.

물론 효소만이 단백질은 아니다. 혈액 속에서 산소를 운반하는 헤모글로빈과 같이, 물질의 운반에 종사하는 단백질, 근육의 성분인 수축 단백질, 뼈나 피부를 형성하는 구조 단백질, 어떤 종류의 호르몬, 독사의 독, 몸속에 들어온 이물(異物)질을 제거하는 항체 등의 방어 단백질 등 다종다양한 단백질이 있어 각각 중요한 역할을 한다.

어떤 생물의 어떤 세포가 특정 구조를 가지고 특정 역할을 하는 것은 어느 일정한 종류와 일정한 수의 단백질이 있기 때문이다. 바꿔 말하면, 인간과 대장균의 단백질은 종류도 수도 다르다. 같은 인간이라도 간장의 세포와 뇌의 세포에서는(공통의 것도 있지만) 종류와 수가 다른 것이다.

유전자 DNA

단백질의 기능은 아미노산이 일정한 순서로 연결되어야만 비로소 나타난다. 배열순서가 달라지면 이미 그 기능을 지닐 수가 없다.

생물에 있어서 특정의 아미노산을 특정 순서로 어김없이 결합하여 틀림없는 단백질을 만드는 일은 매우 중요하며 생명에 있어서 본질적인 일이다.

단백질의 아미노산 배열순서의 기본은 DNA에 있다. 즉, 유전자의 정체는 DNA이다.

DNA는 단백질보다도 더 거대한, 매우 거대한 분자이다. 예컨대 대장균의 DNA의 분자량은 25억이나 된다. 인간의 DNA는 더 거대할 것이다. 이 거대한 분자는 기본적으로는 4종류의 요소로 구성되어 있다. 4종류의 구성요소를 A, G, T, C라고 부르기로 하자. 단백질의 아미노산 배열순서는 이 AGTC의 4문자의 나열 방식으로 정보가 저장되어 있다. 아미노산은 20종류가 있으므로 AGTC의 한 문자가 한 종류의 아미노산에 대응하는 것은 아니다. 아미노산의 하나하나에 대해 AGTC 중의 3문자로써 구성된 암호가 있는 것이다. 그 암호를 써서 개개 단백질에 대하여 어떤 아미노산이 어떤 순서로 배열될 것이냐는 정보가 DNA 속에 입력되어 있다. 이것이 단백질의 유전자이다.

많은 종류의 단백질에 대한 유전자는 한 가닥의 길고 긴 DNA의 사슬 속에 직선적으로 연결되어 있다. 물론, 어느 단백질의 유전자가 어디서 시작되고 어디서 끝나는지, 다음번의 단백질의 유전자는 또 어디서 시작하는지—처음과 끝의 신호에 착오가 일어나지 않게 입력되어 있다.

최근에 이르러, 단백질의 아미노산 배열 정보를 갖고 있지 않은 DNA사슬이 정보를 가진 사슬 사이로 끼어 들어가거나 하여, 유전자가 매우 복잡한 구조로 되어 있다는 것이 알려졌다. DNA는 여분(기능을 알 수 없는)의 부분이 있으므로, 전체의 길이는 단백질의 아미노산 배열순서의 정보에 필요한 길이보다도 훨씬 긴 것으로 되어 있다.

DNA 분자의 거대함은 굉장하다. 대장균 DNA의 분자량은 약 25억이나 된다고 앞에서 설명했다. 이 분자를 팽팽히 늘리면 길이가 1.1mm나 된다고 한다. 대장균의 세포는 지름 0.001mm, 길이 0.002mm이므로, 이 작은 것 속에 1,000배나 더 긴 DNA가 차곡차곡 겹쳐져서 채워 넣어져 있는 것이다. 인간의 세포는 더욱더 엄청나서 세포 속의 DNA를 한 줄로 연결하면 (실제는 한 줄로 되어 있지는 않지만) 1.9m쯤 된다고 한다.

중고등학교의 과학 시간에서는 「분자」라는 것을 다음과 같이 배웠던 기억이 있다.

「컵 한 잔의 물을 절반으로 나누면 역시 물이다. 다시 절반으로 나누어도 물이다. 이것을 계속 되풀이하면, 더 이상으로 나누면 물의 성질을 갖지 못하는 극한에 도달한다. 이 물의 극한의 단위가 물의 분자이다」

그런데 DNA와 같이 지나치게 거대한 분자는 이와 같은 분자의 개념이 적용되지 않는다. DNA의 수용액을 예리한 칼(예컨대, 주스를 만드는 믹서)로 휘저으면 긴 DNA의 분자가 툭 잘리고 만다. 그러나 잘리고 생긴 것 역시 DNA임에는 변함이 없다.

왜 이중나선인가?

DNA의 구조에서 또 하나 중요한 것은 그것이 한 가닥의 사슬로서 존재하지 않고, 두 가닥의 사슬이 서로 얽혀서 이중나

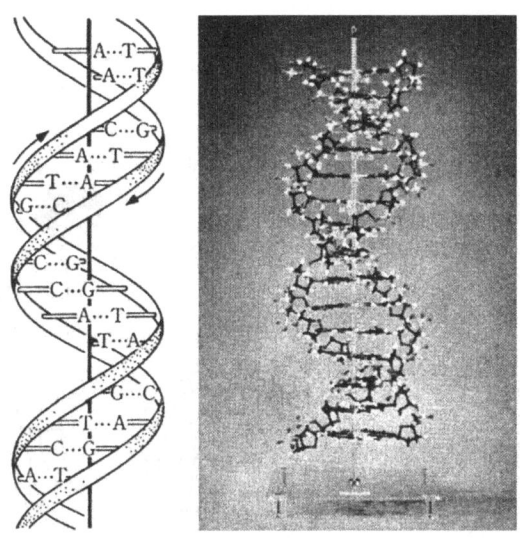

〈그림 2-3〉 DNA와 이중나선(왓슨, 크릭 모형)

선 구조를 취하고 있다는 점이다. 이 구조는 1953년 왓슨(J. D. Watson)과 크릭(F. H. C. Crick)에 의하여 제안되어 왓슨-크릭 모형이라고 불린다.

두 가닥의 사슬은 아무렇게나 얽혀 있지는 않다. 중요한 점은 서로 쌍을 이루고 있다. 한 가닥의 사슬에서 A가 존재하고 있으면 다른 쪽은 반드시 T이고, G가 있는 곳에서는 다른 쪽은 C, 한쪽이 T이면 다른 쪽은 A, 한쪽이 C일 때는 다른 쪽은 G 식으로 상대가 정해져 있다. 그러므로, 한쪽 사슬의 A, G, T, C의 배열순서가 결정되면 다른 쪽은 자동으로 정해진다. 마치 사진의 포지티브와 네거티브 같은 관계에 있다.

사실은 이것이 DNA의 유전자 정체로서의 기본적인 성질이다. 세포가 분열할 때, DNA의 이중나선은 한 가닥씩으로 갈라진다. 그리하여 각각을 주형(鑄型)으로 「A에는 T, G에는 C」의

　규칙을 지키면서 새로운 한 쌍의 사슬이 만들어진다. 그 결과, 본래와 똑같은 DNA가 두 세트 생기는 셈이 되고, 분열해서 생긴 두 개의 세포는 완전히 같은 DNA를 갖게 된다. 어버이로부터 자식에게 정보가 틀림없이 전달되는 것이다. 이것이 생물의 가장 기본적인 성질 「자기증식」의 분자 수준에서의 구조이다. DNA로부터 본래와 똑같은 DNA가 만들어지고 있는 과정은, 분자생물학의 용어로는 복제(複製)라고 한다.

　DNA 복제의 주역은 「DNA폴리머라아제(Polymerase)」라는 효소로서, 어버이의 DNA사슬 위를 미끄러져 가면서, 그 짝이 되는 사슬을 구성요소를 결합하여 만들어간다. 이 효소 이외에 짧은 DNA사슬끼리 결합하는 효소와 DNA사슬의 한 부분이 파괴되었을 때 그것을 수선하는 효소도 세포 속에 갖추어져 있다.

　최근 주목을 받고 있는 「유전자 조작」이란, 이와 같은 DNA

사슬을 연결하는 효소나 결손장소를 수선하는 효소를 잘 이용하는 기술이다. 이들 효소는 말하자면 「풀」이다. 한편 「가위」에 해당하는 DNA를 특정 장소에서 절단하는 효소가 세균에 있어서, 몇 종류나 되는 것이 추출되어 있다. 「풀」과 「가위」가 있으면, DNA사슬을 여러 가지로 붙였다 뗐다 할 수 있다. 예컨대 인간의 호르몬의 유전자인 부분의 DNA를 잘 잘라내어, 그것을 대장균의 DNA 속에 접합하는 것이다. 그렇게 하면, 대장균은 군소리 없이 인간의 호르몬단백질을 만들어낸다. DNA의 명령은 거역할 수 없는 것이다. 또 만든 호르몬단백질을 세포 바깥으로 내보내는 따위의 지령을 주는 DNA를 연결해 주는 것도 가능하게 되었다. 그렇게 하면 대장균은 인간에게 있어서 쓸모 있는 호르몬을 자꾸 분비하게 되어 인간에게 있어서는 매우 편리하게 된다.

유전정보의 번역과 운반자 RNA

단백질의 아미노산 배열순서의 정보는 유전자로서 DNA 속에 3문자 암호로 써넣어져 있다. 세포는 필요에 따라 그 암호를 해독하고, 그 정보에 따라서 단백질을 만든다. 그러나 세포가 DNA로부터 직접 정보를 취해서 단백질을 만드는 것은 아니다. DNA의 정보는 먼저 RNA라는 제3의 물질에 전사된다. RNA는 DNA와 흡사한 구조의 물질로 화학구조가 조금 다르다. 다만 길이는 훨씬 짧다. 역시 4종류의 구성요소인 A, G, U, C를 갖고 있다. DNA로부터 RNA로의 정보를 복사하는 기능을 갖는 것은 「RNA폴리머라아제」라는 효소이다. RNA폴리머라아제는 DNA 위의 유전자 조작 신호의 식별이 가능하여 거기에 붙는다. 그리고 DNA의 한가닥사슬 위를 미끄러져 가면서 A→U, G→C, T→ A, C→G라는 규칙에 따라서 정보를 전사하면서 RNA를 합성한다. 이 과정을 「전사(轉寫)」라고 한다.

인간과 같은 고등생물의 세포에서 DNA는 핵이라고 불리는 방 안에 수용되어 있다. 한편, 단백질을 만드는 장소는 핵 바깥, 즉 세포질인데 리보솜(Ribosome)이라고 불리는 작은 구조물이 세포의 단백질 합성공장이다. RNA의 역할은 핵 속으로부터 전사한 유전자의 정보를 핵 바깥의 리보솜이 있는 곳으로 운반하는 것이다.

DNA복제의 주역은 DNA폴리머라아제이며, RNA로의 전사의 주역은 RNA폴리머라아제이다. 즉 어느 경우도 주역은 혼자였다. 그러나 리보솜에서 RNA의 정보에 좇아서 단백질을 만들어내는 조작은 훨씬 복잡하여 많은 조력자가 필요하다. 그 이유는 DNA끼리는 물론, DNA와 RNA도 화학구조가 매우 흡사하기 때문에 예의 A→T(또는 U), G→C, T→A, C→G의 규칙을 따르고 있기만 하면 정보를 전사하는 일은 수월하다. RNA의 정보를 화학적으로는 전혀 구조가 다른 단백질의 아미노산 배열순서로 변환하지 않으면 안 되기 때문이다. 그 때문에 수 종류의 단백질, 각각의 아미노산을 결합하여 운반해 오는 특별한 작은 분자인 RNA(이것은 20종류 이상이 있다), 필요한 에너지를 공급하는 작은 분자의 화합물 등이 참가한다.

단백질을 만들어내는 20종류의 아미노산은, 유전자 DNA 속에서는 AGTC 중의 3문자로 된 암호로 고쳐 삽입되어 있다. DNA의 이 정보는 고스란히 RNA로 되어서 리보솜 위로 운반되어 왔다. 이번에는 암호의 해독이다. RNA의 AGUC로써 구

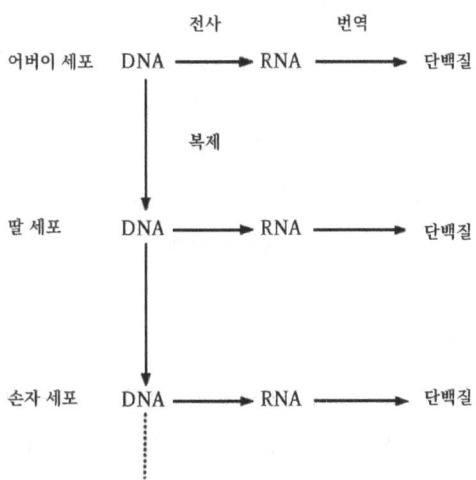

〈그림 2-4〉 분자생물학의 센트럴도그마(화살표는 정보의 흐름을 나타낸다)

성되는 3문자 암호를 해독하여, 그것에 대응하는 아미노산을 선택하고 연달아 결합한다. RNA의 정보에 따라서 아미노산을 결합하여 단백질을 만드는 과정을 분자생물학에서는 「번역(讀譯)」이라 부른다.

복제, 전사, 번역은 체내 정보전달의 세 가지의 중요한 과정이다. 정보는 늘 DNA→RNA→단백질의 방향으로 흐른다. 이것을 분자생물학의 센트럴도그마(Central Dogma)라고 한다.

발생과 분화의 수수께끼

복제 과정에서의 DNA는 고스란히 전사되어 자식의 세포에 전달되지만, 전사 때는 RNA에 전사되는 것은 일부분이다. 기본적으로는 단백질 한 개 몫에 대응하는 DNA 부분으로 분획(分劃)해서 RNA에 전사된다. DNA 속에는 많은 단백질의 유전자가 직선적으로 연결되어 있다. 모든 단백질의 유전자를 전사하지 않고, 필요한 단백질의 유전자만을 전사해 온다. 예컨대 간장의 세포는 간장을 만드는데 필요한 단백질을 전사하여 번역한다. 뇌의 세포에서는 뇌에 필요한 단백질의 유전자만을 전사하고, 필요 없는 단백질의 유전자는 전사하지 않는다. 즉, 모든 세포는 기본적으로는 완전한 유전자 한 벌을 갖고 있지만 각각의 유전자에는 그것을 전사하여 단백질로 번역할 것인지 아닌지를 결정하는 스위치가 갖추어져 있어서 특정 유전자의 스위치만을 ON으로 하고, 불필요한 단백질의 유전자의 스위치는 OFF로 하는 것으로 생각된다. 보통의 세포에서는 약 15%의 유전자의 스위치만이 ON으로 되어 있고, 나머지의 대부분의 스위치는 OFF로 되어 있는 듯하다.

지금, 어느 동물의 탄생을 생각해 보자. 어느 동물이나 본래는 한 개의 수정란이다. 수정란은 세포분열을 몇 번이나 반복하여 동물체를 형성해 간다. 이 과정을 「발생(發生)」이라고 한다. 발생이 진행되면 처음에는 한 종류였던 세포는 분열을 반복하면서 여러 가지 종류의 세포—뇌세포, 근육세포, 간세포 등 형태도 기능도 구조도 다른 여러 가지 세포로 변화해 간다. 이것이 세포의 「분화(分化)」 현상이다.

발생이나 분화가 어떤 메커니즘으로 일어나는지는 생물학의 가장 중요한 과제의 하나지만, 자세한 것은 아직 밝혀지지 않았다. 그러나 아마도 DNA의 어딘가에 발생과 분화를 위한 프로그램이 갖추어져 있고, 유전자 각각의 스위치가 그 프로그램에 따라 순서 정연하게 ON이 되었다가 OFF가 되었다 하는 것이 메커니즘의 기본이다. 개구리의 알이 올챙이가 되고, 이윽고 개구리로 되는 과정은 개구리의 DNA의 어딘가에 이 프로그램이 입력되어 있기 때문이다.

수명 프로그램설

그런데 노화나 죽음도 발생·분화와 마찬가지로, DNA의 어딘가에 입력된 프로그램에 따라서 일어난다고 생각하는 것이 프로그램설이다. 즉, 동물은 발생, 분화, 성숙, 노화, 사망이 일정한 순서로서 일어나게 정해져 있다는 입장이다.

그렇다면 도대체 왜 노화가 일어나고 죽어야 할까? 이것은 어떠한 필요가 있는 것일까?

생물에게 공통으로 작용하는 원리는 「종(種)의 보존」이다. 생식기를 지난 늙은 동물은 같은 종의 젊은 동물에게는 먹이를 쟁탈하는 경쟁상대가 될 뿐이고, 종의 보존을 위해서는 도리어 방해가 된다. 종의 보존을 위해서라면, 생식기를 지난 것은 멸망하는 편이 편리할 수가 있다. 물론 이런 생각을 인간사회에는 적용할 수 없지만 말이다.

프로그램설의 증거로, 유전적 조로증이 있다. 인간에게 볼 수 있는 유전적 조로증에는 프로제리아(Progeria)라는 질병과 베르너증후군(Werner Syndrome, 조로증의 일종)이라는 질병이 있다. 일본에 비교적 많은 웨르나증후군의 환자들은 20세쯤에서 피부에 주름살이 생기고 백발이 되며 얼굴 모양이 흡사 노인처럼 되어 버린다. 또 백내장이나 동맥경화 등 노인이 걸리기 쉬운 질병이 나타나는 등 정상적인 사람의 노화를 연상시키는 증세가 젊을 때 나타난다. 그리고 40세쯤 사망한다.

조로증 환자로부터 추출한 세포를 배양해 보면, 그 수명은 정상 세포의 수명의 절반 이하이다. 이 사실은 유전자 속에 노화나 수명을 결정하거나 적어도 매우 큰 영향을 주는 인자가 포함되어 있다는 것을 가리키고 있다. 학자 중에는 틀림없이 「노화유전자」 그 자체가 따로 존재한다고 생각하는 사람도 있다. 생식을 끝내고 이미 소용이 없게 된 생물에서는 이 유전자의 스위치가 ON으로 되어 생물은 노화하고 이윽고 죽어가는 셈이다.

유전자 속에 노화와 수명에 영향을 끼치는 어떠한 정보가 마련되어 있다는 것은 매우 그럴싸하게 들린다. 하지만 도대체 어떤 프로그램이 어떻게 짜여 있는지, 그것을 발현하기 위해 필요한 「동물의 몸속의 시계」란 어떤 것인지, 핵심적인 메커니즘은 아직도 알 수가 없다.

수명 에러설(說)

노화나 수명이 유전자 속의 프로그램에 의하여 결정된다는 설에 대립하는 사고방식으로서 「에러(過誤)설」이 있다. 즉 노화나 수명은 유전정보에 따라 결정되는 것이 아니고, 세포가 분열을 반복하는 동안에 DNA가 손상을 입거나 과오를 일으키는 것이 노화와 죽음의 원인이라는 사고방식이다.

이 사고 속에는 몇 가지의 설이 포함되어 있다. 그중의 한 가지 설은 진정한 에러설로서, DNA가 RNA에 전사될 때 또는 RNA의 정보가 단백질로 번역될 때에 착오가 일어나, 아미노산의 배열순서가 틀린 이상단백질이 만들어져 버리는 수가 있다는 것이다.

책을 만들 때로 비유하면, 전사는 인쇄 실수(Missprint)인 셈이다. 인쇄공장의 종업원은 원고 그대로 식자를 하는 것이지만, 인간이기 때문에 때로는 실수를 범한다. 에러가 일어나는 것이다. 실은 얼마 전, 식물생화학자인 아카사와(赤澤集) 씨의 「과학 논문과 미스프린트」라는 수필을 읽었는데, 인간이나 생물의 세계에서 일어나는 에러를 인쇄 실수에다 비유한 얘기가 소개되어 있었다. 재미있는 사례가 다양하게 실려 있었다. 예컨대 미국의 신문 기사 중의 인쇄 실수로 인해 「…침략자 아틸라(Attila)가 사나운 훈족의 병사들을 거느리고…」라고 하여야 할 기사가 훈족의 Huns가 Nuns로 잘못 인쇄되어 「…침략자 아틸라가 사나운 비구니를 거느리고…」로 된 것이다. 한편 번역은 인쇄보다 훨씬 고차적이고 복잡한 과정이므로 더 많은 에러가 일어난다. 나도 영어로 쓰인 과학 서적 한 권을 번역한 경험이 있다. 그때 「Sperm Whale」을 고래의 정자라고 번역했었다. 나중에 이것이 「말향고래」라는 것을 알고 매우 부끄럽게 생각한 적이 있었다.

세포 속에도 전사나 번역 때에 에러가 일어날 수 있다. 번역 과정은 매우 복잡하기 때문에 오류가 날 확률도 아주 높다. 물론 이것은 상대적인 것으로, 에러는 아주 조금밖에 일어나지 않겠지만, 오랫동안 조금씩 생긴 이상단백질이 세포 속에 축적되면, 세포의 활동이 이상해지고 노화가 나타나 이윽고 죽어 버리게 된다. 실제로 배양한 세포를 사용한 실험에 의하면, 노화한 세포에서는 어떤 종류의 효소의 단백질에 이상이 일어나고 있는 것이 발견되었다. 또 착오를 일으킬만한 약물을 투여하면, 세포의 수명은 확실히 짧아지는 것을 알았다. 그러나 노화한 세포에서도 오류가 발견된 단백질의 종류는 극히 소수에

〈사진 2-5〉 방사선은 DNA에 상처를 입힌다

불과하고, 대부분의 단백질은 정상적이라고 하며, 이 설의 확정적인 결과는 아직 인정되지 않고 있다.

에러설 중의 또 하나는 노화나 수명의 원인은 DNA의 손상에 좌우된다는 설이다. 유전자의 본체인 DNA가 거대한 긴 분자라는 것은 앞에서 설명했다. 그리고 DNA의 분자가 기계적인 힘으로 간단히 뚝 잘려 버린다는 것도 앞에서 말했다. 생리적으로 더욱 중요하다고 생각되는 것은, 방사선이나 자외선이 DNA에 쬐어지면 DNA에 상처가 생기거나 사슬이 절단된다는 사실이다. 특히 방사선과 노화수명의 관계는 예로부터 주목되어 왔다. 2차 세계대전 중의 원자폭탄의 제조를 위한 맨해튼계획 중에서 실험 동물에게 방사선을 쬐는 실험이 대규모로 이루어져, 사선을 쬐이면 수명이 단축되는 것이 확인되었다. 또 사선을 쬐는 기회가 많은 영상의학과 의사는 일반 의사보다 평균 5년이나 수명이 짧다는 미국 조사보고도 있다. 그러나 일본의 원자폭탄 피폭자에 대한 조사에 의하면, 특히 노화가 촉진되어 수명의 단축이 일어났다는 가설을 지지하는 결과는 얻어지지 않은 것 같다.
 생물은 방사선 등으로 DNA에 일어난 상처를 스스로 치유하는 힘을 갖고 있다. 그것은 상처를 치유하는 효소, 수복 효소가 있기 때문이다. 각종 동물의 세포에 대하여 DNA 수복능력의 강도를 조사하여 보면, 수명이 긴 동물일수록 이 힘이 강하고, 수명이 짧은 동물은 수복력이 약하다는 것이 발견되었다. 이 결과는 DNA의 손상과 노화와 수명 사이에 깊은 관계가 있음을 강하게 암시하고 있다. 그러나 앞에서 말한 유전적 조로증 환자의 세포를 조사해 보면, DNA의 상처를 치유하는 힘은 정상이었다고 한다.

크로스링크설

 에러설에 포함할 수 있는 또 하나의 학설로서「가교설(架橋說)」과「교차결합설〔交差結合說, Crosslink)」이 있다. 이 설을 제창한 것은 뵈르크스텐(J. Bjorkstern)이라는 화학자이다. 이미 40년이나 전의 일이므로 크로스링크설은 노화에 관한 여러 학설 중에서도 유서 있는 학설이다. 뵈르크스텐은 세포 속의 여러 가지 단백질 사이에, 시간과 더불어 차츰 다리놓기〔가교(架橋)〕또는 교차결합(크로스링크)가 생기는 것이라고 생각했다. 가교가 생기면 각각의 단백질 분자가 갖는 작용이 손상되고, 세포의 기능이 저하하여 차츰 노화가 일어날 것이라고 상상하였다. 〈그림 2-7〉은 뵈르크스텐이 이 학설을 설명하기 위해 사용한 그림이다. 큰 실내에서 많은 사람이 작업하고 있다. 어느 날 악마가 나타나서 두 사람에게 수갑을 채웠다. 수갑이 채워진

〈사진 2-6〉 J. 뵈르크스텐 박사

 사람의 동작이 둔해질 것은 당연하다. 그리고 점점 수갑에 채워진 사람이 늘어나면 사정이 악화한다. 두 사람이 아니라 여러 사람이 연결되면 작업능률이 뚝 떨어진다. 이윽고 작업은 모두 정지되고 만다. 세상에는 불공평한 일은 따르기 마련으로, 이 그림 속의 사람은 대부분이 동성뿐이고 동성끼리 묶여 있지만, 그중에는 이성과 수갑이 채워진 행운아도 있는 것 같다.
 수년 전에 뵈르크스텐은 단백질 사이를 잇는 가교를 절단하는 효소를 발견한다면, 인간은 800세까지 살 수 있으며 그와 같은 효소의 발견은 시간문제라고 말했다. 이것은 일본의 신문과 주간지에도 보도된 적이 있다. 어느 주간지는 인간의 수명이 800년으로 되면 55세 정년 이후의 745년간을 연금으로 지내야 한다는 둥, 무기 징역형을 받으면 큰일이라는 둥 우스꽝스러운 보도가 있었다.
 크로스링크는 단백질 사이뿐만 아니라 DNA와 단백질 사이,

〈그림 2-7〉 뵈르크스렌 박사에 의한 크로스링크설의 비유. 인간이 단백질에 비유되어 있다

DNA와 DNA와의 사이에서도 생길지 모른다. DNA를 도입한 크로스링크는, 소량이더라도 생물에게 매우 큰 영향을 줄 가능성이 있다. 그러나 세포 속에서 단백질이나 DNA를 연결하는 크로스링크가 정말로 생겨 있는지, 생겨 있다면 어떤 분자 사이에, 어떤 구조의 크로스링크가 생기는지에 대한 실험적 뒷받침은 얻어지지 못했다. 그 후, 크로스링크의 생성은 세포 속에서의 사건이라기보다는 세포 밖에서의 사건, 즉 세포 바깥에 섬유〔纖維: 역자 주: 일본의 학계에서는 일반적으로 선유(線維)가 쓰이고 있으나 우리나라에서는 섬유라는 용어로 통일하고 있다〕를 만들고 있는 콜라겐(Collagen)이라는 단백질 속에서 일어나고 있는 것이 발견되어, 크로스링크설은 약간 다른 형태로 발전해 갔다. 이것에 대해서는 뒤에서 자세히 설명하기로 한다.

이처럼 노화와 수명에 관한 여러 설을 검토해 보면, 어느 설에도 타당한 점은 있으나 핵심이 될 만한 증거가 결여되고 있는 듯이 생각된다. 그러나 덧붙여 두고 싶은 것은 여러 가지 설이 반드시 서로 모순되는 것은 아니라는 점이다. 노화란 한 가지 원인만으로서 일어나는 것이 아니라, 여러 가지 원인이 얽혀진 복잡한 현상이라고 생각하는 편이 오히려 정답에 가까울지 모르겠다.

3. 인간의 노화와 질병

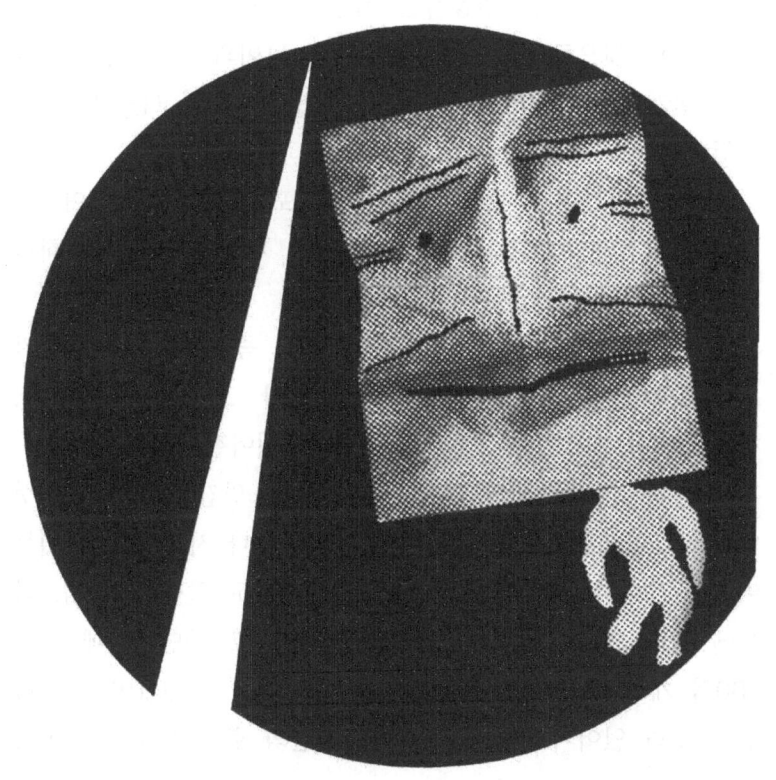

세포의 수명과 개체의 노화

세포는 생명의 기본단위이다. 인간의 몸도 동물의 몸도 세포의 집합체이다. 생명의 기본단위인 세포의 수명이 다하면, 그 집합체인 인간이나 동물의 수명이 다하는 것은 당연하다. 그렇다면 그 반대—즉 동물이나 인간의 수명이 다하는 것은 세포의 수명이 다하기 때문일까?

많은 학자는 배양세포에 있어서 관찰된 세포의 수명과 인간이나 동물의 수명을 그렇게 간단하게는 결부시킬 수는 없다고 말한다. 우선 그 첫째 이유는, 동물이나 인간의 몸속에서 세포가 분열하는 속도는 인공적인 배양액 속에서의 세포분열보다 훨씬 느린 것으로서, 동물이나 인간의 나이의 범위 안에서 세포가 한계의 극한점까지 분열을 되풀이하고 있다고는 생각하기 어렵다.

둘째로, 인간이나 동물의 장기의 세포 수에는 매우 여유가 있어서 약간의 세포가 죽더라도 장기의 기능이 그다지 저하하리라고는 생각되지 않는다고 한다.

물론, 특수한 장기에서는 세포의 죽음, 즉 세포 수의 감소가 큰 영향을 갖는 가능성은 생각할 수 있다. 그 장기의 기능 저하가 몸 전체의 기능 저하, 즉 노화로 이어질 가능성이 있다. 흔히 말하는 것은 뇌의 세포와 노화이다. 인간의 뇌에서는 성인이 되고부터는 뇌세포가 하루에 10만 개나 사멸한다. 하기는 이것은 그다지 과학적 근거가 없는 숫자라고 말한다. 가령, 하부에 10만 개의 뇌세포가 상실되어 간다고 하면, 뇌에는 약 100억 개의 세포가 있으므로 대강 계산했을 때 250년이 지나면 모조리 없어지게 된다. 그러나 인간의 한계적 수명은 배양

3. 인간의 노화와 질병   51

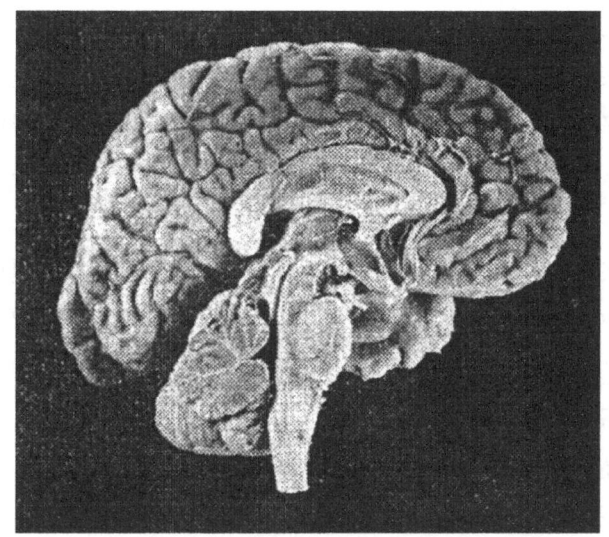

〈사진 3-1〉 뇌에는 약 100억 개의 세포가 있다
(자료 제공: 지바의대 오타니 교수)

 세포에서 볼 수 있었듯 세포의 수명으로서 결정된다고 하더라도, 고령화와 더불어 직면하는 여러 가지 노화 현상이나 노인병은 세포의 수명이나 노화에 의하여 반드시 설명될 것 같지가 않다.
 인간이 나이를 먹으면 어떤 변화가 일어나는지를 다시 한 번 생각해 보자.
 피부에는 주름살이 잡히고, 관절이 굳어지며 이가 빠진다. 뼈도 약해져서 부러지기 쉽다. 등이 수축하고 구부러지는 등등 바깥으로 보더라도 가장 눈에 띄는 변화이다. 노화의 징후는 피부, 뼈, 관절 등에 두드러지게 나타난다. 이와 같은 기관은 몸이나 장기를 지탱하고 결부시키며 또는 경계면을 만드는 역할을 지녔으며, 그것을 만들고 있는 조직은 「결합조직」이라고 불린다.

결합조직은 나이와 더불어 변화한다. 즉 갓난아기 때는 싱싱하며 기계적으로는 약하다. 그것이 성인이 되면서 따라서 튼튼해지는 것이다. 더 노령이 되면, 딱딱하고 물러지면서 유연성과 탄력성을 상실해 가는 것을 볼 수 있다.

결합조직의 특징은 세포 바깥에 가라앉아 붙은 물질로부터 형성되어 있다는 점이다. 물론 이 물질은 본래는 세포가 만들어 낸 것이지만, 다른 많은 생체물질과는 달리 세포는 그것들을 세포 바깥으로 뱉어내 버린다. 그리고 세포 바깥에 축적해서 생긴 것이 결합조직이다.

결합조직은 세포 바깥에 존재하고 있으므로 시험관이나 페트리접시 속에서 배양한 세포에서 관찰되는 수명과는 그다지 관계가 없을 것 같다. 그러나 현실적으로는 결합조직은 인간의 몸의 노화와 매우 깊은 연관성이 있다.

노화에 수반하는 질병

머리가 빠지거나 피부가 주름살투성이로 되는 것은 기쁜 일이 아니지만, 우리가 노인이 되면서 가장 두렵고, 싫다고 느끼는 것은 질병이 아닐까? 노인만이 걸리는 질병이라는 것은, 사실은 그 수가 적다고 한다. 그러나 중년에 걸리기 시작하여 노년기가 됨에 따라서 차츰차츰 심해져 가는 질병이 많이 있다.

일본 후생성(厚生省)의 조사에 따르면 유병률(有病率: 질병에 걸려 있는 사람의 비율. 보통 인구 1,000명당 환자의 수로써 표시)은 나이가 많아질수록 높아지는데, 특히 50세 전후에서 급격히 높아지는 것으로 나타나 있다.

〈표 3-2〉 인구 1,000명당 연령별 유병률(1975)

연령	유병률
0	96.5
1~4	126.6
5~14	70.1
15~24	40.4
25~34	64.0
35~44	85.5
45~54	129.3
55~64	195.5
65~74	312.6
75 이상	328.1

 중년을 지나고서 걸리기 시작하여 점점 심해지는 질병의 대표적인 것에 고혈압과 동맥경화가 있다. 둘 다 혈관의 질병이다.
 혈관의 벽도 주로 결합조직으로부터 구성되어 있다. 전신에 존재하는 혈관의 벽 역시 나이가 많아질수록 딱딱해지고 탄력성을 잃는다. 이것이 고혈압의 중요한 원인이 되는 것으로 생각된다. 특히 세동맥(細動脈) 등 말단의 혈관 경화가 큰 영향을 끼친다고 한다. 대동맥, 뇌저동맥, 관상동맥 등의 큰 동맥에 지방질(콜레스테롤 등), 무기물(주로 칼슘과 인산화합물) 등이 침착하며 딱딱해지는 것이 이른바 동맥경화이다. 동맥벽은 탄력성을 잃고, 약한 부분은 압력에 견디지 못하여 바깥으로 혹처럼 튀어나온다(대동맥류라고 한다). 이와 같은 곳에는 혈액 속의 물질이 굳어서 달라붙는다(혈전이라고 한다). 55세의 일본인의 약 30%에서는 대동맥에 동맥경화를 볼 수 있다고 한다. 동맥경화를 볼 수 있는 비율은 70세가 되면 50%를 넘고, 80세에서는 60%나 된다고 한다.

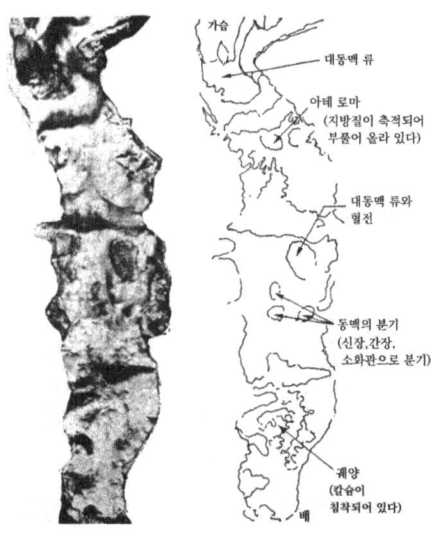

⟨그림 3-3⟩ 동맥경화를 일으킨 대동맥의 안쪽
(하마마쓰 의대, 미우라 박사 제공)

 사람이 나이를 먹게 되면 손, 발, 허리 등의 관절에 통증이 생기는 것을 흔히 볼 수 있다. 50세 무렵의 약 40% 정도가 운동기관에 어떤 통증이나 이상을 호소한다. 고령이 됨에 따라서 이 비율이 높아지고(특히 여성에서 높아지고 있다), 70대의 여성에서는 무려 4명 중 3명꼴(75%)로 통증을 호소한다. 통증의 원인은 관절염, 더 정확히 말하자면 관절 류머티즘, 변형성 관절염, 변형성 척추염 등의 이름이 붙은 병이다. 미국에는 「오래 살면 관절염이 된다」는 말이 있다고 한다.
 인간 몸의 관절에서는 뼈와 뼈가 직접으로는 연결되어 있지 않다. 뼈끝에는 연골이 있고 이 연골을 사이에 끼고 뼈와 뼈가 연결되어 있다. 연골은 탄력성이 많아 운동할 때에 외부로부터 가해지는 힘을 흡수할 수가 있다. 나이를 먹게 되면 연골의 성

중년을 지나면 병이 는다

질에 변화가 일어나거나 연골의 층이 점점 얇아져서 마침내 뼈가 드러나게 된다. 그렇게 되면 관절은 딱딱한 뼈와 뼈 사이의 쿠션을 잃고 운동에 장애를 일으킨다. 이윽고 뼈까지 변형되거나 염증을 일으킬 수도 있다. 이것이 변형성 관절염이라는 질병이다.

이처럼 나이가 든 사람의 반수 이상이 동맥경화나 관절염의 증세를 호소한다. 참고로 일본인의 60세 이상의 남자로서, 머리가 빠지는 사람의 비율은 약 20%(머리가 빠지는 것을 어떻게 정의해야 하는지 잘 모르지만)라고 하는데, 이와 같은 병에 걸리는 비율은 머리카락이 없어질 확률보다도 훨씬 높다.

이와 같은 질병의 원인이 세포의 노화 등 동물에 공통적인 메커니즘에 의하는 것이라면, 연로한 사람뿐만 아니라 쥐나 생쥐도 나이를 먹게 되면 이런 질병이 나타나야 할 것이다. 그러나 쥐 등에서는 돌연변이가 일어난 특별한 종류를 제외하면 좀처럼 이런 병을 볼 수가 없다. 쥐에 콜레스테롤 등을 많이 주면 동맥경화의 증상을, 특별한 조작을 통해 실험적으로 관절염을 일으킬 수가 있다. 그러나 쥐는 아무리 나이를 먹어도 자연히 동맥경화나 관절염에 걸리는 일이 없다는 것이다. 이것은 도대체 어떤 이유에서일까?

사람과 쥐의 노화의 차이

사람과 쥐의 노화를 연구하며 알게 되는 큰 차이의 하나는 사람은 쥐보다 훨씬 오래 산다는 점이다. 사람의 일생을 80년이라고 가정하면, 쥐보다 30~40배를 더 오래 사는 셈이다. 인간의 세포나 쥐의 세포에서도 일반적으로 세포 속의 성분은 활발하게 만들어지기도 하고 파괴되기도 한다. 즉 성분의 교체가 일어나는 것이다. 한편, 세포 바깥에 축적되어 생긴 결합조직에서는 세포 속의 성분에 비교해서 구성성분의 교체가 매우 느리다.

물론 어린 시기, 몸이 성장하고 있을 때는 결합조직도 계속하여 개조된다. 그러나 성인이 되고부터는 교체가 느려지고, 오랫동안 몸속에 머무르게 된다. 수명이 긴 인간에서는, 쥐보다도 훨씬 긴 동안을 몸속에 존재할 것이다. 더군다나 쥐는 사람과 달리 어른이 되고서도 몸이 커진다. 두 살짜리 쥐는 젊은 어른 쥐보다도 몸이 훨씬 크다(〈사진 3-4〉 참조). 아마 결합조직의 재구성이 어른이 되고서도 인간의 경우보다 활발하게 일어나는 것이다.

결합조직을 구성하는 물질의 「나이」, 즉 몸속에 어느 정도로

3. 인간의 노화와 질병 57

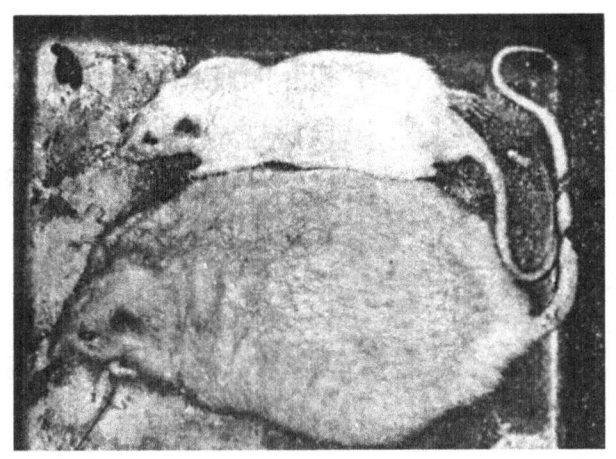

〈사진 3-4〉 다 큰(8주령) 젊은 쥐(위)와 늙은(2살) 쥐(아래)
(죠세이 치과대학 시카타 박사 제공)

존재하고 있느냐는 연수에 있어서는, 인간과 쥐 사이에는 큰 차이가 있을 것 같다. 바로 여기에 인간과 쥐의 결합조직에 나타나는 노화에 차이가 생기는 원인이 있는 것은 아닐까?

    환자 「선생님 오른발이 아픈데요」

    의사 「나이 탓이겠지요」

    환자 「오른발도 왼발도 같은 나이인데, 왜 오른발만 아프지요?」

이런 우스갯소리가 있다. 이 우스갯소리는 노화와 질병 사이의 관계를 잘 나타내고 있는 것 같다. 나이를 먹는다고 해서 반드시 그 병으로 되는 것은 아니다. 그러나 걸리기 쉬운 상태가 된다, 걸리기 쉬운 상태를 만든다, 장소를 만든다, 그것이 결합조직이라고 말할 수 있을 것이다.

그렇다면, 결합조직의 노화가 인간의 한계적 수명을 결정짓는 것일까? 실제로 인간의 노화나 노인성 질병과는 매우 깊은 연관성이 있다. 결합조직의 질병에 대응하기 위하여 일본의 총 의료비(약 12조 엔)의 약 10%가 지급되고 있다고 한다. 이것은 암에 대한 의료비(전체 의료비의 약 7%)보다도 많은 액수이다.

노인성 치매

물론 노화나 노인병이 결합조직에 국한된 것은 결코 아니다. 현재 노년기의 질병으로서 가장 심각한 사회문제로서 생각되고 있는 것에 노인성 치매(癡呆)가 있다. 65~69세의 전체 노인의 약 2%를 차지하고 있다. 85세 이상이 되면 그 비율은 훨씬 높아져서 30% 가까이나 되고 있다.

건강한 노인이라도 새로운 것을 기억하는 것은 쉽지 않고, 갑자기 어떤 일을 생각해 내지 못하기도 한다.

저것도 잊었구나, 이것도 생각이 안 나는구나 하게 되어도 일상생활에 큰 지장이 되는 일은 없다. 그러나 이른바 치매증은 다르다. 방향이나 공간을 식별할 수 없게 된다. 자기가 지금 어디에 있는지조차도 모르게 되어, 한 번 집을 나서면 집으로 되돌아오지 못하는 등 이상행동이 두드러진다.

1. 오늘은 며칠입니까?
2. 여기는 어디입니까?
3. 몇 살입니까?
4. 최근에 일어난 사건(미리 주위의 사람들로부터 물어둔다)으로부터 얼마쯤 지났습니까?
5. 어디에서 태어나셨습니까?

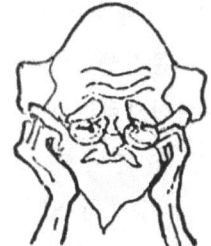

국무총리 이름은?　어디서 낳았는가?
전쟁이 끝난 것은?　그로부터 몇 해?
1년은 몇 일?　지금 몇 살?
100에서 7을 빼면?　여기는 어디?
9-8-2-7　몇 월 몇 일?

6. 2차 세계대전은 어느 해에 끝났습니까?
7. 1년은 며칠입니까?
8. 국무총리의 이름은요?
9. 100에서부터 7을 차례로 뺀 수는?
10. 다음 숫자를 거꾸로 읽어보세요(예: 9-8-2-7……).

이상은 현재 일본에서 널리 하는 치매 노인 테스트법이다. 치매 노인은 두 번째의 장소의 질문이나 세 번째 나이의 질문은 잘 대답하지 못한다. 그러나 9번의 속셈 등은 같은 나이의 건강한 노인보다도 잘할 수 있다고 한다. 당신은 과연 어떠한지?

치매 노인의 뇌를 조사해 보면, 신경세포 속에 이상한 섬유가 생겨 있는 것이 관찰된다. 이것에 대해서는 뒤에서 말하겠으나, 이 이상한 섬유는 정상인의 뇌에서도 나이를 먹으면 약간은 생긴다. 그러나 나이를 먹은 쥐의 뇌에서는 발견되지 않는다.

 문득, 인간은 매우 긴 수명을 획득한 대가로서 여러 가지 노인성 질병에 시달려야 하는 것이 아닌가 하는 생각이 든다.

 나이를 먹은 인간에게 나타나는 신체적 장애나 질병의 치료와 예방을 목적으로 하는 학문을 「노년의학(老年醫學)」이라고 부른다. 노년의학과 수명의 분자생물학은 당연히 매우 밀접한 관계가 있을 것이지만, 현실적으로는 이 두 학문 사이에 아직 큰 갭이 있다고 말하지 않을 수 없다.

 그러나 결합조직의 분자 수준의 연구와 노년의학과의 관계라면 접점을 찾을 수 있을 것 같다. 이 점을 살펴보기로 하자.

4. 결합조직의 노화와 콜라겐

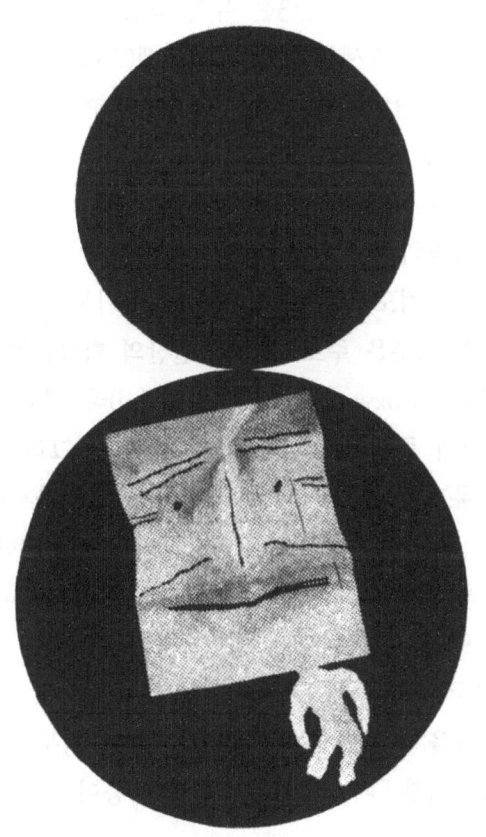

몸속의 결합조직

우리는 비쩍 마른 사람을 가리켜 「피골(皮骨)이 상접하다」고 말하기도 한다. 요즘 젊은이들은 이런 말이 실감나지 않을 것이다. 요즘 시대는 영양이 좋아서 대체로 체격들이 좋다. 뼈와 피부와 힘줄은 결합조직으로써 이루어지는 대표적인 기관(器官)이다.

먼저 결합조직의 구성성분을 살펴보면 〈표 4-1〉과 같다. 피부, 연골, 힘줄 등의 구성성분을 보면, 수분이 가장 많아서 약 2/3를 차지한다. 나머지 1/3은 유기 화합물로서 주로 단백질과 다당류이다. 좀 더 자세히 말하면 콜라겐(Collagen) 및 엘라스틴(Elastin)이라는 단백질과 프로테오글리칸(Proteoglycan)이라고 불리는 단백질에 다당(多糖)이 결합한 물질이 주된 구성성분이다. 대개의 경우, 콜라겐이 이 중에서도 가장 많다. 뼈나 이의 주체도 결합조직의 한 무리이지만 약간 사정이 다르다. 뼈나 이의 수분은 10% 정도이고, 수분 이외에 무기물질을 많이 함유하고 있다. 무기 성분은 주로 칼슘과 인산의 화합물로서 하이드록시아파타이트(Hydroxyapatite, 수산화인회석)라 불리고 있다. 칼슘이 뼈나 이에 중요한 까닭이 여기에 있다. 그러나 뼈나 이의 20~25%는 유기물질이고, 피부나 힘줄과 마찬가지로 콜라겐이 그 주체이며 그것에 소량의 프로테오글리칸이 존재한다.

콜라겐도 엘라스틴도 프로테오글리칸도 그리고 하이드록시아파타이트도 모두 세포 바깥에 있다. 물론 콜라겐이나 엘라스틴 및 프로테오글리칸은 세포가 만들어서 바깥으로 분비한 것이다. 콜라겐 등을 만들어내는 세포도 중요한 성분의 하나이지만 성인의 힘줄, 피부, 뼈 등에서는 콜리겐 등이 세포에 비교하면

〈표 4-1〉 각종 결합조직의 조성

		피부	연골	힘줄	인대	뼈	상아질
물		65	70	63	58	10	11
그 밖의 무기물		1	1.5	0.5	0.5	65	69
유기물		34	29	37	42	25	20
유기물 내용	콜라겐	25	16	32	7	23	18
	엘라스틴	0.6		2	32		
	프로테오글리칸	2	10	1	0.5	0.2	0.5

양이 압도적으로 많고, 세포는 이들 성분 속에 파묻혀 있는 것이 보통이다.

다만 이것은 피부, 힘줄, 연골 등의 이야기이다. 이와 같은 기관에서는 결합조직이 기관 그 자체라고 말할 수 있다. 한편, 몸속의 다른 많은 기관―간장, 심장, 근육 등은 세포의 집단이다. 말하자면, 세포가 주역이다. 그러나 이와 같은 기관에도 결합조직은 있다. 결합조직은 세포와 세포의 틈새를 메우는 형식으로 존재한다. 바꿔 말하면, 세포 주위를 둘러싸고 있는 것이 결합조직이며 세포의 미시적(Micro)인 환경을 형성하고 있는 것이다. 당연히 결합조직은 세포의 활동, 나아가서는 기관의 활동에 큰 영향력을 갖게 된다. 결합조직과 세포의 상호 작용에 관한 연구, 이른바 결합조직의 세포생물학(細胞生物學)은 최근에 시선을 끌게 된 분야이다. 이와 같은 기관의 결합조직도 역시 콜라겐이나 프로테오글리칸으로써 구성되어 있다.

그럼 먼저 결합조직의 가장 주요한 구성성분인 콜라겐에 대하여 설명하기로 한다.

세포의 접착제 콜라겐

콜라겐은 단백질의 일종이다. 세포나 혈액 속의 단백질은 물에 녹은 상태로서 존재하는 것이 보통이지만 콜라겐은 다르다. 콜라겐은 몸속에서는 녹은 상태로서는 거의 존재하지 않고 섬유의 상태로 존재한다. 콜라겐의 섬유는 몸이나 장기를 지탱하거나, 결합하거나, 보강하거나 또는 경계면을 만드는 등 결합조직의 가장 기본적인 역할을 한다.

생쥐나 흰쥐와 같은 동물은 몸속의 전체 단백질의 25% 내지 33%가 콜라겐이라고 한다. 코끼리나 하마 같은 큰 동물은 크고 무거운 몸을 지탱하기 위하여 콜라겐이 더욱 필요하며, 콜라겐이 차지하는 비율도 훨씬 높을 것 같다(그러나 코끼리 한 마리를 통째로 처리하여 콜라겐의 양을 측정한 사람은 아직 없기 때문에 정확한 것은 알 수 없다). 어쨌든 동물의 몸속에서 가장 많이 있는 단백질은 「콜라겐」이다.

최근에는 콜라겐이 화장품에 사용되거나 샴푸 속에 첨가되어 그 이름을 아는 사람이 많아진 것 같다. 콜라겐이라는 이름을 들어본 적이 없는 사람이라도, 아마 젤라틴(Gelatin)이라는 이름은 들은 적이 있을 것이다. 젤라틴은 대개 과자의 재료로 쓰인다. 접착제인 아교(阿膠)도 젤라틴이다. 젤라틴은 동물의 몸속의 콜라겐의 섬유를 열처리하여 그 구조를 파괴해서 녹여낸 것이다. 콜라겐이라는 말의 어원을 보면, 라틴어로서 「아교를 만드는 바탕」이라는 의미의 말로부터 왔다고 한다. 콜라겐을 우리말로 옮긴 것에는 교원(膠原)이라는 말이 있다. 아교의 바탕이라는 뜻이다. 그러나 오늘날 생화학자들은 교원이라는 표현은 굳이 사용하지 않지만, 「교원섬유(膠原纖維, Collegen Fiber, 아교섬

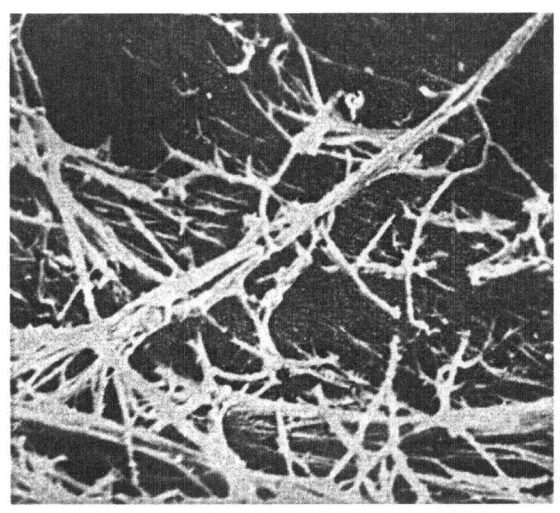

〈사진 4-2〉 뼈의 콜라겐 섬유의 주사 현미경 사진
무기물질을 녹인 뒤에 촬영(하마마쓰의대 미기후지 박사 제공)

유)」라든가 「교원병(膠原病)」이라는 표현은 의학에서는 가끔 쓰고 있다.

콜라겐은 포유동물을 비롯하여 조류, 파충류, 어류에서부터 해삼, 지렁이, 해면 등에 이르기까지 동물계에서 널리 발견된다. 얼마 전까지도 콜라겐은 게, 새우, 곤충 등에는 없다고 되어 있었으나(그들의 딱딱한 껍질은 키틴이라는 다당류의 일종이 주성분이다) 최근에는 양은 적지만, 이들 동물에도 콜라겐이 존재한다는 것이 발견되었다. 현재는 다세포동물에는 널리 존재하는 것으로 생각되고 있다. 동물의 진화과정에서 단세포동물로부터 다세포동물이 탄생하기 위하여, 콜라겐이라는 세포와 세포의 접착제가 필요했을 것이다. 콜라겐의 출현은 동물의 진화역사상 획기적인 사건이었다고 생각되며, 그것은 매우 초기의 사건이었던 것으로 생각된다.

여러 종류의 동물의 콜라겐을 비교함으로써 동물의 진화과정을 추적할 수도 있다. 몇 해 전, 남태평양에서 공룡과 비슷한 동물의 사체를 어선이 건져내어 큰 화제가 되었다. 공룡이 살아남은 것이냐? 상어의 시체냐? 논란거리가 되었었다. 사체는 썩었으므로 폐기되었지만, 지느러미의 일부를 일본으로 가져왔었다. 지느러미의 주성분은 콜라겐이다. 이 콜라겐을 분석한 바, 유감스럽게도 상어의 것과 흡사했다고 한다.

콜라겐의 다양한 기능

콜라겐의 기본적인 기능은 몸이나 장기를 지탱하는 일, 보강하는 일, 또는 결합하는 일 등의 기계적인 기능이라고 앞에서 설명했는데, 그 기계적인 기능도 결코 한결같지 않고 다종다양하다. 그리고 각각의 목적이나 역할에 따라서 다종다양한 콜라겐의 섬유가 존재한다.

예컨대 힘줄—가장 대표적인 것은 아킬레스힘줄(Achilles's Tendon)인데—의 콜라겐은 밧줄과 같은 구조와 성질을 가지고 있어, 인장력(引張力)이 매우 크다. 이 성질은 뼈와 근육 사이를 결합하고 운동을 전달한다는 힘줄의 역할에 매우 적합하게 되어 있다. 피부의 콜라겐 섬유는 직물과 같은 성질을 지녔다. 강도와 더불어 유연성이 요구되기 때문이다.

특수한 것으로 눈의 각막이 있다. 각막도 콜라겐으로써 이루어져 있는데, 각막에 가장 필요한 것은 기계적인 강도보다도 투명성이다. 각막의 콜라겐섬유는 세로와 가로로 정연하게 쌓여서 층을 형성하고 있는데 그것이 바로 투명성의 비밀이다.

4. 결합조직의 노화와 콜라겐 67

 신장의 사구체(系球體)의 막도 콜라겐이다. 이 조직은 오줌(尿, 요)의 바탕이 되는 것을 여과하여, 작은 분자만을 오줌 속으로 내보내고 단백질 등 거대분자가 오줌 속으로 나가지 못하게 한다. 만약, 이 막에 이상이 생기면 단백뇨가 나오게 된다.
 미시적으로는 하나하나의 세포끼리 접착하거나, 세포 성장의 발판 역할을 하는 것도 콜라겐이다. 따라서 콜라겐은 세포의 증식이나 기관의 형성이라는 등의 고도한 생물학적 현상과도 깊은 연관성을 가지고 있다.
 또 콜라겐은 지혈과도 관계가 있다. 잘 알다시피 우리의 몸은 다쳐서 피가 흘러나와도 자연히 피가 굳어 멎게 되는 구조를 지니고 있다. 피가 굳지 않고 계속하여 흘러나가면 생명이 위험하기 때문이다. 이것은 생체의 정교한 방어메커니즘의 하나이다. 피가 굳어지는 메커니즘은 매우 복잡한데, 그 첫 단계는 콜라겐과 혈소판(血小板)의 접촉이라고 보면 된다. 혈소판이란, 혈액 속에 있는 세포와 같은 구조체이다. 정상적인 상태라면, 혈관 벽을 형성하고 있는 콜라겐의 섬유는 다른 물질에 덮여 있어서 직접 혈액과 접촉하는 일은 없다. 그러나 상처를 받으면 콜라겐이 드러나서 혈액과 접촉하게 된다. 혈액 속의 혈소판은 콜라겐과 만나면 응집—즉 모여들어서 덩어리를 만드는 성질이 있다. 또 그때 어떤 화학물질을 방출한다. 그 화학물질이 연달아 연쇄반응을 일으켜서 혈액이 응고하는 것이다. 즉, 콜라겐은 출혈을 멈추는 생체 방어메커니즘에도 깊이 관여하고 있다.
 이처럼 콜라겐은 동물의 몸에 있어서 중요한 단백질이다. 콜라겐의 합성에는 비타민 C가 필요하다는 것을 알고 있다. 비타민 C가 결핍되면 콜라겐의 합성이 저하하고, 그 결과 혈관 벽 등이 약화하여 출혈이 일어나는 등 이상이 생긴다. 골형성 부전증(骨形成不全症)이라는 질병이 있다. 이것은 유전병의 하나로, 불행하게도 이 질병을 가지고 태어난 아기는 뼈가 비정상적으로 약하고, 출산 때 여러 곳에서 골절이 일어난다. 이 병은 뼈의 콜라겐의 합성메커니즘에 선천적인 이상이 있기 때문이다. 이들은 콜라겐의 합성 저하 때문에 일어나는 질병이지만, 반대로 콜라겐이 과다하게 생성되어 곤란한 경우도 있다. 과음으로 인한 간경변(肝硬變)이 있다. 간경변에서는 간장에 콜라겐의 합성이 비정상적으로 일어나서, 간장이 콜라겐섬유로 꽉 차서 중요한 간장의 세포가 사멸하고 만다. 한 번 과다하게 증식한 콜라겐의 섬유를 제거한다는 것은 어렵다. 매우 무서운 사태로 된다. 콜라겐섬유의 과다증식은 노화와 깊은 관계가 있다. 이것에 대해서는 나중에 다시 한 번 언급하기로 한다.

콜라겐섬유와 콜라겐분자

피부, 힘줄, 뼈 등 대표적인 결합조직에서 콜라겐의 대부분은 녹지 않는 상태, 즉 「섬유」의 형태로 존재한다. 이 섬유는 전자현미경으로 관찰하면 67nm(1나노미터는 1mm의 100만분의 1의 길이. nm로 표기)의 주기의 줄무늬가 보인다(〈사진 4-3〉 참조). 이것은 콜라겐섬유의 큰 특징으로서, 형태학자는 이 줄무늬를 가진 섬유를 발견하면 콜라겐섬유라고 단정한다.

동물의 몸으로부터 콜라겐섬유를 추출하여 묽은 소금물(식염수)이나 묽은 초산 속에 담그고, 냉장고 속에서 1~2일간 휘저어 둔다. 그러면 섬유로 되어 있는 콜라겐의 일부분이 녹아 나

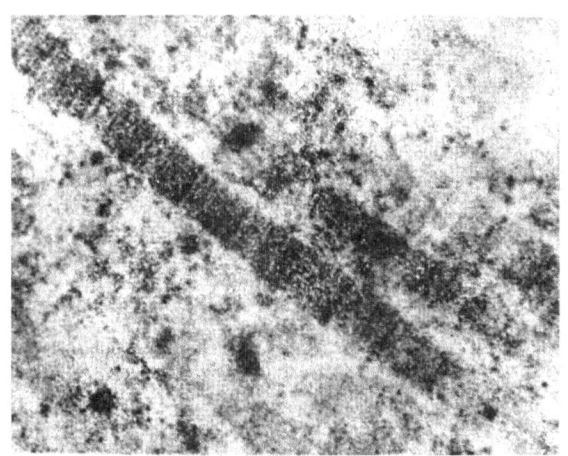

〈사진 4-3〉 콜라겐섬유의 줄무늬. 줄무늬의 주기는 67㎚
(하마마쓰의대 나이토 박사 제공)

와 끈적한 용액이 얻어진다. 이 용액은 콜라겐의 분자가 용매 속에 분산된 것이다. 이것을 재료로 하여 콜라겐의 분자나 형태가 지금으로부터 약 30년이나 전에 연구되었다. 그 결과 콜라겐의 분자는 분자량이 약 30만이고, 굵기 약 1.5㎚, 길이 약 300㎚의 길쭉한 막대 모양을 하고 있다는 것이 밝혀졌다. 세포나 혈액 속에서 녹은 상태로 존재하는 보통의 단백질은 일반적으로 둥근 모양(球形, 구형)을 하고 있으므로, 콜라겐의 분자는 매우 독특한 형태를 한 셈이다. 막대 모양이라고는 해도 콜라겐의 분자의 형상은 매우 가느다랗고 긴 막대 모양으로 굵기와 길이의 비가 약 1:200이다. 이렇게 가늘고 긴 것이 실뭉치 같은 모양으로 되지 않고 막대와 같은 형상을 한 것은 흥미로운 사실이 아닐 수 없다.

콜라겐분자가 이와 같은 형상을 유지할 수 있는 비결은, 그

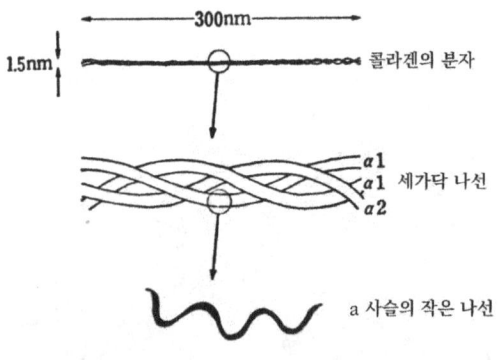

〈그림 4-4〉 콜라겐의 분자구조

것이 독특한 복합 세 가닥 나선 구조를 가졌다는 데에 있다. 즉 콜라겐분자는 아미노산 약 1,000개가 결합한 사슬 세 가닥으로써 구성되어 있고, 사슬의 하나하나가 나선을 형성하며 서로 감겨서 복합 세 가닥 나선을 형성하고 있다. 다만 분자의 양 끝, 즉 머리와 꼬리에는 나선을 만들고 있지 않은 짧은 사슬이 붙어 있다.

피부, 힘줄, 뼈 등의 주성분인 콜라겐은 세가닥사슬 중 두 가닥이 같고, 다른 한 가닥이 다르다. 옛날에는 몸속의 콜라겐은 모두 같은 것이라고 생각되었으나, 지금으로부터 약 10년 전부터 이 피부, 뼈 등의 콜라겐과는 다른 사슬로부터 이루어진 콜라겐이 연달아 발견되었다. 그래서 피부, 뼈의 주성분인 콜라겐은 I형이라고 불리게 되었다. 그것에 대해 연골에는 II형, 혈관벽에는 III형, 신장의 사구체막(系球體膜)에는 IV형의 콜라겐이 발견되어 있다. 즉 여러 가지 장기의 구조나 기능에 대응하여 다양한 콜라겐이 존재한다.

콜라겐의 용액을 가열하면 막대 모양의 콜라겐 분자 구조가 파괴된다. 정연하던 세 가닥의 나선 구조가 파괴되어, 세가닥사슬이 제멋대로 흩어져서 각각이 실뭉치 모양의 제멋대로의 형태를 만든다. 이것이 젤라틴이다. 젤라틴의 용액을 식히면 완전한 콜라겐 분자로 되돌아가기는 힘들지만, 사슬과 사슬이 모여서 부분적으로는 세 가닥 나선 구조가 재생되어 전체가 굳어진다. 이것이 젤라틴으로 만든 과자이다. 생선조림의 국물을 식히면 굳어져서 이른바 엉거지가 생기는데 이것도 같은 현상이다. 생선의 껍질이나 뼈의 콜라겐이 열에 의하여 젤라틴이 되어 녹아 나오고, 그것을 식히면 부분적으로 세 가닥 나선을 만들어 서로 엉켜서 굳어진 것이다.

 콜라겐 분자 구조가 파괴되는 온도, 다시 말해 이 이상 온도를 높여 젤라틴이 되는 온도는 콜라겐의 변성온도(變性溫度)라 불리고 있다. 인간의 콜라겐의 경우 약 40℃, 즉 체온보다 조금 높은 온도이다.

 여러 가지 동물의 콜라겐의 변성온도를 비교하여 보자. 소나 쥐의 콜라겐의 변성온도는 인간의 콜라겐과 거의 같다. 인간, 소, 쥐 모두 항온동물(恒溫動物)로서 체온은 환경에 따라서 좌우되지 않는다. 따라서 콜라겐의 변성온도는 언제나 체온보다 조금 높다. 한편, 생선의 체온은 환경에 따라 변화한다. 즉 변온동물(變溫動物)이다. 다랑어는 비교적 따뜻한 바다에 산다. 환경의 상한 온도는 25℃ 정도이다. 그런데 다랑어의 콜라겐의 변성 온도는 약 27℃라고 한다. 대구는 다랑어보다 찬 바다에 살고 있다. 맑은 바다의 온도의 상한은 15℃ 정도이다. 그리고 대구의 콜라겐의 변성온도는 16℃라고 한다.

 남극해에 사는 빙어(氷魚)라는 물고기의 콜라겐의 변성온도를 조사한 사람도 있었다. 이 콜라겐의 변성 온도는 5.5℃였다고 한다. 남극해의 온도는 -1℃에서 3℃ 정도라고 한다. 한편, 하등동물이라도 회충과 같이 사람이나 돼지의 배 속에 기생하는 동물의 콜라겐의 변성온도는 40℃ 정도로 높은 편이다. 즉 동물의 콜라겐은 쓸모없이 튼튼하게는 만들어져 있지 않고 더구나 체온에서는 변성하지 않도록 교묘하게 만들어져 있다.

학자들의 모임이 아닌 어느 회합에서 이 이야기를 한 적이 있었다. 누군가 「한증막에 들어가면 몸의 콜라겐이 변성하느냐」고 질문했다. 과연 한증막에 들어가면 피부의 온도는 몇 도 정도로까지 상승하는 것일까?

콜라겐은 나의 전공 분야이기 때문에 좀 상세히 설명했는지도 모르겠다. 다음에는 결합조직의 다른 성분, 즉 엘라스틴과 프로테오글리칸(Proteoglycan)에 대해 설명하기로 한다.

콜라겐 이외의 결합조직 성분

엘라스틴도 섬유성 단백질의 일종이다. 그 이름과 같이 탄력성(Elasticity)이 있어 고무처럼 신축한다. 몸속에서는 신축을 해야 하는 조직에 존재한다. 예컨대 인대(靭帶)라는 조직이 있다. 이것은 관절 바깥쪽에 있으며, 관절을 지탱하고 있는 결합조직으로서 뼈의 움직임에 따라 신축한다. 인대에서는 유기성분의 75%가 엘라스틴이고, 콜라겐은 15%에 지나지 않는다. 대동맥의 벽도 심장의 움직임에 따라서 신축한다. 이 조직에서는 엘라스틴과 콜라겐이 거의 같은 비율로 존재하고 있다. 그 밖에 호흡 때에 신축하는 허파에도 엘라스틴이 상당량 존재한다. 피부도 약간의 탄력성이 필요하며, 소량의 엘라스틴(유기성분의 약

4. 결합조직의 노화와 콜라겐 73

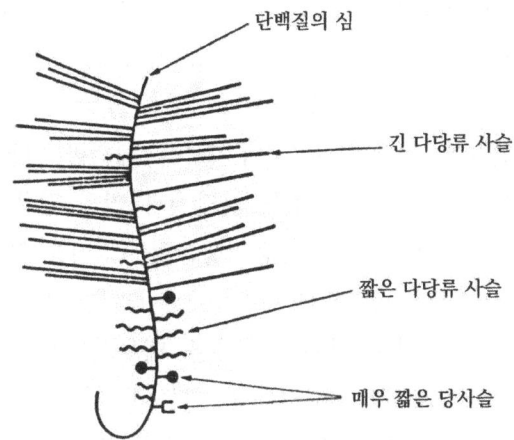

〈그림 4-5〉 프로테오글리칸의 구조 모형
(단백질의 심에 여러 종류의 다당사슬이 수많이 결합해 있다)

2%)가 존재한다. 이 조직의 유기성분의 80%는 콜라겐이다. 한편 뼈와 이에는 엘라스틴이 없다. 뼈나 이에서는 유기성분의 90% 이상이 콜라겐이다.

엘라스틴의 섬유는 콜라겐의 섬유와는 달리 특징적인 줄무늬가 없다. 또 녹지 않는 성질로 가열하거나 알칼리로 처리하여도 녹지 않는다. 따라서 결합조직을 열과 알칼리로 처리하여 녹는 물질을 모조리 녹이고 남은 것을 엘라스틴이라고 일컫는 일이 많다. 엘라스틴이 왜 고무와 같은 탄력성을 나타내는지는 생화학의 매우 흥미로운 문제이지만, 여기서는 생략한다.

결합조직의 세 번째 중요한 성분은 프로테오글리칸이다. 프로테오글리칸은 단백질과 다당류의 복합체로서, 중량비로 말하면 다당 부분이 훨씬 많은 약 85~90%를 차지한다. 즉 단백질은 고작 10~15% 뿐이다. 매우 거대한 구조체로서 분자량 20

만 정도의 단백질의 중심에 분자량이 5,000~20,000 정도의 다당류의 사슬이 150개쯤 마치 시험관솔처럼 돋아 있는 것으로 생각되고 있는 프로테오글리칸은 널리 결합조직에 존재하지만, 특히 연골에 많다. 물이나 무기물을 제외한 연골의 유기성분의 약 40%를 차지하고 있어, 콜라겐과 거의 같은 양이 있는 셈이다. 다른 결합조직에서는 유기성분의 5%~1% 정도이다.

프로테오글리칸은 콜라겐이나 엘라스틴과는 달리 섬유를 만들지 않고, 이들 섬유 성분의 틈새를 메우는 형태로서 존재한다. 프로테오글리칸에는 여러 가지 기능이 있다고 생각되고 있는데, 그 하나가 수분을 유지하는 일이다. 또 영양물이나 노폐물이 세포로 운반되거나 바깥으로 버려지거나 할 때의 통로로 되어 있다. 관절액(關節液)은 프로테오글리칸이 주며, 이것은 윤활제의 구실을 하고 있다. 또 동물의 발생, 분화과정에서 연골의 형성 등에 중요한 작용을 한다는 것도 밝혀졌다.

결합조직의 구성성분은 물과 무기물질을 제외하면 콜라겐과 엘라스틴 및 프로테오글리칸이 주된 것이다. 양은 적지만 이 밖에도 중요한 작용을 하고 있을 듯한 단백질이 몇 종류 있는 듯하다는 것이 최근에 알려졌다. 그러나 아직은 확실치 않은 점이 많으므로 여기서는 생략하기로 한다.

나이와 더불어 늘어나는 콜라겐

이야기가 잠시 노화로부터 벗어났다. 다시 노화—결합조직의 노화로 돌아오기로 하자. 나이가 많아짐에 따라 피부, 연골, 혈관 벽 등의 조직은 싱싱함을 잃고 탄력성이나 유연성이 저하하여 딱딱하게 굳어지는 것이 일반적이라고 말했다. 아기의 살

결과 젊은이의 살결, 그리고 할머니의 살결을 생각해 보자. 결합조직이 나이와 더불어 변화해 가는 것을 직관적으로 알 수 있을 것이다.

 결합조직의 나이에 따르는 변화의 원인을 살펴보면 몇 가지의 가능성이 생각된다. 그 첫째는 구성성분의 비율 변화이다. 대동맥이나 허파와 같은 조직에서 콜라겐의 비율이 나이와 더불어 늘고, 엘라스틴이 차지하는 비율이 감소하는 것이 아닌가 하는 생각이 예로부터 있었다. 엘라스틴이 줄고 콜라겐이 늘면, 조직의 탄력성이 감소하는 것이 예상되기 때문이다. 그러나 실제로 이와 같은 변화는 눈에 띄게는 나타나지는 않는 것 같다. 프로테오글리칸의 양이 나이와 더불어 감소한다는 보고가 있다. 프로테오글리칸은 물을 유지하는 기능이 있으므로, 프로테오글리칸의 감소는 조직의 싱싱함을 잃게 하는 원인의 하나로 되어 있을 가능성이 있다.

 콜라겐의 양이 상대적으로 늘어나는 것은 힘줄, 피부 등 본래 콜라겐이 많이 존재하고 있는 전형적인 결합조직에서보다는 간장이나 심장과 같이 세포가 많이 있는 이른바 실질장기(實質臟器)에서 중대한 문제가 된다. 이와 같은 장기에서는 세포의 수가 나이와 더불어 점점 감소하고, 그것을 메꾸듯이 콜라겐의 양이 늘어나는 것을 볼 수 있다. 콜라겐이 증가하면 장기 전체가 딱딱해지고 활동이 어렵게 된다. 또 세포와 혈관 사이, 세포끼리 사이에 장벽이 생겨 혈관으로부터 세포로 운반되어 오는 영양물의 통과와 노폐물의 운반도 또한 나빠진다. 세포에는 그 활동을 조절하는 따위의 화학물질, 정보전달물질이 외부로부터 보내져 온다. 이와 같은 지령도 전달되기 어렵게 될 것이다. 이런 사태가 되면 세포의 활동이 악화하거나 이상이 생긴다. 죽는 세포가 늘어나고, 세포가 죽으면 그곳을 메우기 위해 다시 콜라겐이 합성되어 축적된다. 이와 같은 악순환이야말로 노화의 원인이라고 주장하는 학자도 있다.

일반적으로 장기 속에서 상처가 생기면, 그것을 고치기 위해 콜라겐이 생산된다. 예컨대 술의 과음으로 간장이 나빠지면 간장의 콜라겐 합성이 활발해진다. 어떤 까닭인지 대개의 경우, 콜라겐을 필요량보다 조금 더 많이 만든다. 상처가 부어오르는 것은 피부의 상처만이 아니다. 다양한 원인으로 몸속의 여러 장기에는 상처가 생긴다. 그것을 고치기 위하여 콜라겐이 만들어지는데, 언제나 여분으로 만들어져서 그것이 차츰 누적된다. 고령이 될수록 당연히 상처 자리가 늘어나기 마련이다. 이와 같은 상처 자리의 축적도 조직을 경화시켜 유연성을 상실은 더욱 박차를 가하게 된다.

그러나 콜라겐이 주성분인 힘줄이나 피부 등의 조직이 나이와 더불어 딱딱해지는 것은 콜라겐의 양이 늘어나는 것만으로 설명할 수는 없을 것 같다. 역시 콜라겐의 섬유 자체의 변화가 일어나는 것이다.

나이와 더불어 변화하는 콜라겐

콜라겐의 섬유의 성질이 나이와 더불어 어떻게 변화해 가는지를 체계적으로 조사한 사람은 벨저르이다. 지금으로부터 약 20년 전에 여러 나이의 쥐의 꼬리로부터 콜라겐 섬유를 추출하여 섬유 상태에서 가열하는 실험을 했다. 어느 온도 이상이 되면 콜라겐 분자의 세 가닥 나선 구조가 파괴되고 섬유가 수축하여 버린다. 그래서 섬유 밑에 추를 매달아 이 수축을 억제하여 보고, 나이가 든 쥐의 콜라겐일수록 무거운 추를 매달지 않으면 수축을 억제할 수 없다는 것을 발견하였다.

이 실험 이후 많은 연구자가 콜라겐 섬유의 여러 가지 성질이 나이와 더불어 변화해 가는 것을 확인했다. 여기서는 인간의 콜라겐에 관한 몇 가지 실험을 소개하기로 한다.

인간의 힘줄의 콜라겐 섬유의 강도가 나이와 더불어 어떻게 변화하는지를 조사한 사람이 있다. 어느 정도의 힘을 가해야 힘줄이 끊어지느냐는 실험이다. 6세쯤의 어린이의 힘줄은 한 살짜리 아기의 힘줄보다 약 2.5배의 강도가 있었다고 한다. 한편, 60세인 노인의 힘줄의 강도는 한 살짜리 아기의 약 3배 정도였다. 이 결과는 나이와 더불어 힘줄의 강도가 늘어난다는 것, 그 변화는 비교적 젊은 시기에 두드러지게 일어나는 것 같다는 것을 가리키고 있다.

힘줄의 콜라겐의 산에 대한 팽윤성(膨潤性)을 조사한 데이터가 있다. 힘줄을 묽은 초산액에 담그면 부풀어 오른다. 본래의 부피에 비교하여 어느 정도로 부푸는가를 측정하는 것이다. 갓난 아기의 힘줄은 약 8배 정도로 부푼다. 그러나 나이를 먹을수록 점점 부푸는 정도가 작아지고, 75세인 노인의 힘줄에서는 3배 정도밖에는 부풀지 않는다. 부푸는 정도의 저하를 나이별로 정밀하게 검토하면 30~50세까지, 즉 중년 무렵에 급격한 저하를 보이는 것이 관찰되었다.

펩신(Pepsin)이라는 효소가 있다. 이것은 단백질을 분해하는 효소로서, 위 속에 분비되어 음식물 속의 단백질을 소화시킨다. 펩신은 깨끗한 결정으로서 추출되고 있고, 우리는 그것을 화학

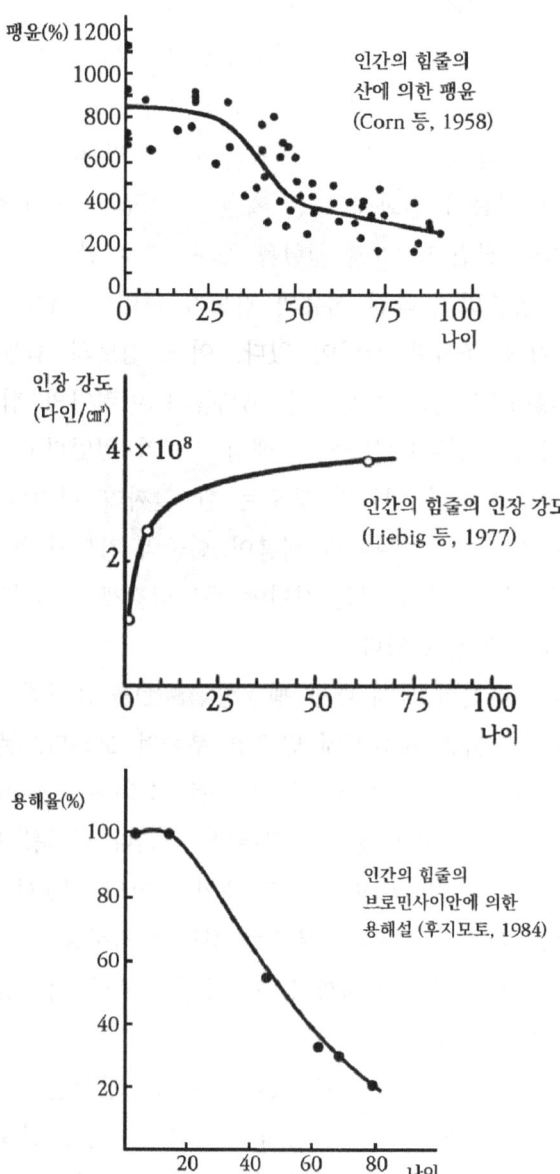

〈그림 4-6〉 인간의 힘줄의 콜라겐의 나이에 수반하는 변화

약품 회사로부터 구입할 수 있다. 그런데 콜라겐의 섬유에 이 펩신을 작용시키면 콜라겐이 조금씩 잘려 나와 녹게 된다. 관절에 있는 활막(滑膜)이라는 결합조직에 펩신을 작용시켜, 활막의 콜라겐의 몇 퍼센트가 용해되었는지를 조사한 사람이 있다. 한 살짜리 갓난아기의 콜라겐에서는 96%, 즉 거의 전부가 녹아버렸다. 4세 된 어린이의 콜라겐 섬유에서는 76%, 8세에서는 36%, 18세에서는 15%, 29세에서는 6.5%, 36세에서는 3.2%, 47세에서 0.8%가 녹았다. 그리고 53세 이상의 노인에서는 콜라겐은 전혀 녹아나지 않았다. 즉 펩신에 대한 저항성이 나이와 더불어 증가한다는 것과 그때 두드러진 변화는 비교적 젊은 시기에 일어나고 있다는 것이 제시된 것이다.

콜라겐을 절단하고 용해하는 수단으로 브로민사이안(BrCN)이라는 화학물질을 사용하는 경우가 있다. 이것은 단백질사슬을 어느 곳에서 절단하는 시약(試藥)이다. 쥐나 소의 콜라겐 섬유에 이 약품을 작용시키면 거의 100%가 녹는다. 20세의 젊은 사람의 콜라겐 섬유도 마찬가지로 100%가 녹는다. 그런데 뇌의 외막(外膜)에 대해 실험을 한 바로는 40세쯤의 사람에서는 80%밖에 녹지 않았다. 또 80세인 사람의 조직에서는 40% 밖에 녹지 않게 된다고 한다. 즉 이 약제에 대한 저항성은 나이와 더불어 증가하고, 이 경우 그 변화는 주로 성인이 되고서부터 일어나는 것 같다.

사람의 아킬레스힘줄의 콜라겐에서도 마찬가지로 노인이 되면 브로민사이안에 의하여 녹지 않게 되어 간다는 것을 우리는 최근에 확인했다.

이처럼 많은 실험이 결합조직의 주성분인 콜라겐 섬유의 여러 가지 성질이 나이와 더불어 확실히 변화해 가는 것을 분명히 가리키고 있다. 콜라겐은 「나이를 먹는다」고 하겠다. 다만 이 나이를 먹는 현상은 그리 단순하지는 않으며, 어떤 변화는 성인이 되기 전에 주로 일어나 버린다. 또 어떤 변화는 성인이 되고 난 후에 주로 일어난다.

그렇다면 콜라겐의 섬유가 「나이를 먹는다」는 것은 어떤 일일까? 여기서 다시 가교, 크로스링크가 등장하게 된다.

5. 크로스링크 3단계설

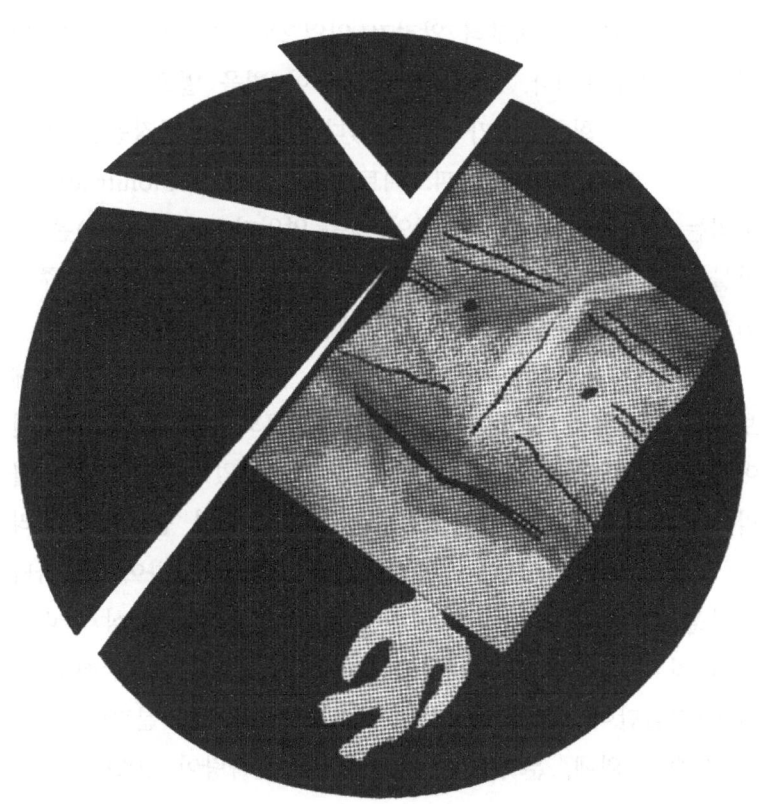

콜라겐의 크로스링크

콜라겐 섬유의 구축에 분자간의 다리놓기(架橋), 즉 크로스링크(교차결합)가 필요하다는 것을 아는 계기가 된 것은 라치리즘(Rachirism)이라는 기묘한 병이었다. 라치리즘이란 소 등의 가축이 스위트피(Sweet Pea) 속(屬)의 식물을 먹으면 일어나는 병으로, 특히 젊은 동물에서 심한 증상이 나타난다. 그 증상은 뼈에 기형이 나타나고, 힘줄이 찢어지거나, 대동맥에 혹이 생겨 파열한다. 라치리즘에서는 결합조직의 강도가 이상하게 저하하고 있는 것이다.

이 병은 1930년대부터 알려져 있었으나 그 원인을 알게 된 것은 1950년대이다. 스위트피로부터 이 병을 일으키는 물질이 추출되어 그 화학구조가 추구되었다. 그 결과 독작용을 가진 물질이 베타아미노프로피오니트릴(β-Aminopropionitrile)이라 불리는 비교적 간단한 화합물인 것을 알았다. 〈사진 5-1〉은 이 약물을 투여한 병아리와 정상적인 병아리이다. 이 약물이 주어진 병아리는 뼈와 관절에 이상이 생겨 일어설 수가 없다.

베타아미노프로피오니트릴을 투여한 동물의 콜라겐을 조사해 보면, 그 섬유는 정상동물의 콜라겐 섬유와 비교하여 묽은 산이나 묽은 식염수에 녹기 쉬운 것을 알 수 있다. 녹아 나온 콜라겐의 분자의 크기, 형상, 조성 등을 조사하면 정상적인 콜라겐 분자와 완전히 같다. 다만 이 콜라겐을 가열하여 세 가닥 나선을 파괴하여 사슬을 따로따로 떼어 놓았더니 정상 콜라겐과의 차이가 발견되었다. 이상 콜라겐으로부터는 분자량이 10만의 사슬만이 생겼으나, 정상 콜라겐으로부터는 분자량 10만인 사슬 이외에, 분자량이 20만인 것, 분자량이 30만인 것이

〈사진 5-1〉 정상적인 병아리(우)와 가교생성 저해제를 투여한 병아리(좌)
(하마마쓰 의대 후지에씨 제공)

발견되었다. 따라서, 정상 콜라겐섬유에서는 분자가 그저 배열해 있을 뿐만 아니라 분자와 분자 사이 및 동일분자의 세 가닥 나선 사슬 사이에 크로스링크가 형성되어 있고, 라치리즘의 동물에서는 크로스링크가 형성되어 있지 않은 것이라는 결론을 내릴 수 있다.

크로스링크는 건물의 못의 구실

체내의 주요한 콜라겐은 규칙적인 줄무늬가 있는 섬유를 만들고 있다. 그 줄무늬의 주기는 약 70nm(1nm는 1mm의 100만분의 1)이다. 이 줄무늬는 길이가 300nm인 콜라겐의 분자가 대충 4분의 1씩 처져서 규칙적으로 배열했기 때문에 형성되는 것이라고 생각되고 있다. 콜라겐의 용액을 어느 조건에서 방치해 두면 70nm의 줄무늬섬유, 즉 생체의 같은 섬유를 시험관 속에서

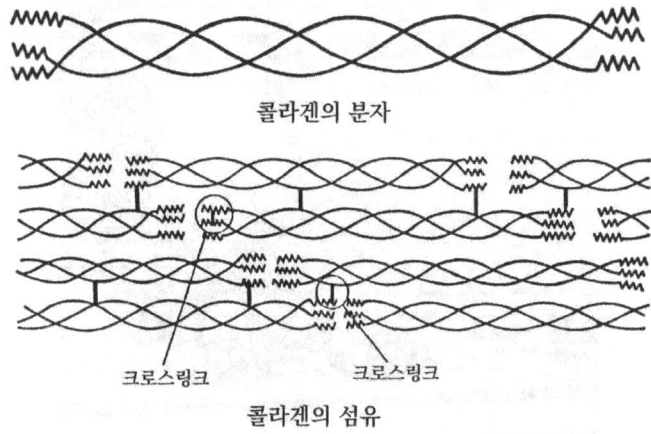

〈그림 5-2〉 콜라겐 분자와 콜라겐 섬유의 구조

만들 수가 있다. 따라서 콜라겐의 섬유구조를 만드는 능력은 분자에 갖추어져 있다고 생각된다. 분자를 만들고 있는 사슬 속의 특정 아미노산이, 다른 분자의 약 1/4을 처진 위치에 있는 특정 아미노산과 상호작용을 하는 결과이다. 상호작용을 하는 힘은 이온결합, 수소결합, 소수(疎水)결합 등으로 불리는 결합력이며, 진짜 화학결합(공유결합)에 비교하면 훨씬 약한 결합이다.

콜라겐의 섬유가 힘줄이나 피부 등의 결합조직에 있어서 정상적인 기능을 발휘하려면, 실은 콜라겐 분자가 약한 상호작용으로 서로 모이기만 해서는 안 된다. 더 강한 결합-공유결합의 가교로서 분자와 분자가 서로 결합하지 않으면 안 되는 것이다. 즉, 「크로스링크」가 필요하다. 마치 집을 지을 때, 아무리 튼튼한 재목이나 철재를 갖추어도 못이나 볼트로 단단히 죄지 않으면 집을 만족하게 세울 수가 없는 것과 같다. 여기에서 못이나 볼트에 해당하는 것이 크로스링크인 것이다.

앞에서 말한 노화의 크로스링크설에서 크로스링크는 처음에 악한으로 등장했었다. 그러나 콜라겐의 경우는 크로스링크는 필요불가결한 존재이다.

콜라겐의 섬유는 동물이나 인간의 나이가 많아짐에 따라서 기계적인 강도가 상승하고, 물에 붙지 않고 굳어지며, 효소나 약품에 대한 저항력이 증가해 간다는 이야기를 기억하는가? (4장 7 참조). 콜라겐 섬유의 이와 같은 변화는 나이와 더불어 콜라겐의 분자 간의 크로스링크가 점점 늘어난다고 생각하면 이해하기 쉬울 것이다.

갓난아기에서부터 성장하여 어른이 되는 과정, 즉 성숙 과정에서는 점점 크고 무거워지는 몸을 지탱하고, 점점 과격해지는 운동에 대응하기 위하여, 결합조직의 주역인 콜라겐 섬유의 크로스링크 수가 점점 증가하여 기계적 강도를 획득하여 간다. 이 크로스링크 형성은 생리적으로 중요한 과정이다. 그러나 어떤 까닭인지 크로스링크 형성은 정지하지 않고 그대로 진행된다. 콜라겐 섬유는 필요 이상으로 딱딱해지면 심장이나 허파의 운동을 방해하고 혈압을 높인다. 또 조직 사이에 딱딱한 콜라겐의 벽이 생겨 산소나 영양물 또는 노폐물의 수송이 원활하지 않게 된다. 이렇게 해서 전신의 노화가 시작되는 것이 아닐까 생각하는 입장이 바로 콜라겐을 중심으로 한 「노화의 크로스링크설(또는 가교설)」이다.

크로스링크의 화학적 정체

콜라겐의 크로스링크의 화학적 정체에 대한 연구를 설명하겠다. 세상에는 화학에 관심이 없고, 구조식이나 거북이 등껍질 따위는 보기조차 싫다는 사람이 꽤 많은 듯하다. 그런 사람은 이 대목을 뛰어넘어도 좋겠지만, 되도록 참고 읽어주기 바란다. 이제부터가 필자의 장기라고 할 부분이며 이 책의 핵심이기도 하다.

콜라겐의 크로스링크의 화학적 정체를 알기 시작한 것은 1960년대 초부터이다. 우선 콜라겐 속에는 극히 미량이지만 알데하이드(Aldehyde)라고 불리는 성질의 것이 존재한다. 알데하이드란 ―CHO로 표기되는 알데하이드기(基)를 가진 그룹을 말하며, 화학을 공부한 사람은 잘 알겠지만 매우 화학적으로 활발한 그룹이다.

보통 단백질 속에는 알데하이드가 존재하지 않는다. 그러나 콜라겐 속에는 극히 소량의 알데하이드(아미노산 3,000개에 1개 꼴의 비율로)가 존재한다. 더구나 알데하이드는 콜라겐 분자의 특정 장소에 있다. 콜라겐의 분자는 세가닥사슬의 나선으로 구성된 막대 같은 형태를 하고 있고, 그 머리와 꼬리에 나선은 만들고 있지 않은 짧은 사슬이 부록처럼 붙어 있다(4장 4 참조). 알데하이드는 나선을 형성하지 않는 부록 부분에 존재하고 있다. 또 이 알데하이드가 있는 곳은, 본래는 라이신(Lysine)이라는 아미노산이 존재하고 있었던 장소라는 것을 알게 되었다. 즉 콜라겐의 유전자가 이 장소는 라이신 자리라고 지정하여, 실제로 처음에는 그와 같이 라이신이 짜 넣어져 있었으나 콜라겐의 단백질 분자가 완성된 후, 라이신을 알데하이드로 바꿔놓아 버린 것이다(〈그림 5-3〉 참조).

얼마 후, 라이신을 알데하이드로 바꾸는 효소가 발견되었다.

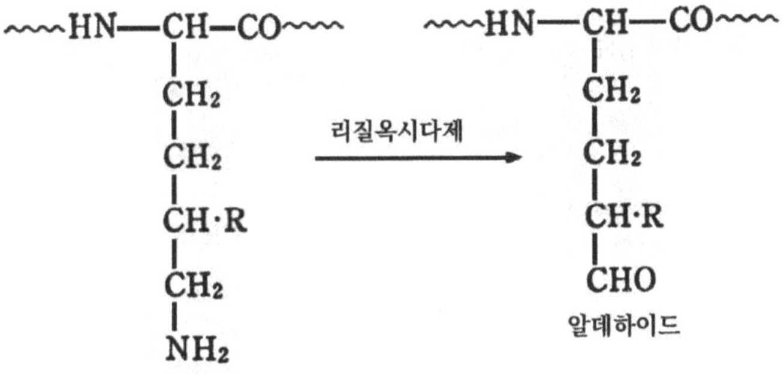

```
~~~HN─CH─CO~~~              ~~~HN─CH─CO~~~
      │                           │
      CH₂                         CH₂
      │         리질옥시다제          │
      CH₂      ──────────→        CH₂
      │                           │
      CH·R                        CH·R
      │                           │
      CH₂                         CHO
      │                          알데하이드
      NH₂
라이신 (R=H) 또는
하이드록시라이신 (R=OH)
```

〈그림 5-3〉 라이신 또는 하이드록시라이신은 효소 리질옥시다제의 작용으로 알데하이드로 변화한다

또 라치리즘을 일으키는—즉 크로스링크가 형성되는 것을 방해하는 물질인 β아미노프로피오니트릴이 라이신을 알데하이드로 바꾸는 효소의 작용을 억제해 버린다는 것이 증명되었다. 이것은 알데하이드가 크로스링크와 관계가 있다는 것을 가리키고 있다. 덧붙이자면 라이신을 알데하이드로 바꾸는 이 효소는 구리가 없으면 작용하지 못한다. 구리는 독물이라고 생각되기 쉽지만 생체는 소량의 구리가 필요하다. 구리가 전혀 없는 먹이로 동물을 사육하면 콜라겐의 크로스링크가 형성되지 않고 라치리즘과 비슷한 증상이 나타난다. 물론 다량의 구리는 독이다.

  효소의 작용으로 라이신으로부터 생성된 알데하이드는 화학적으로 매우 활발한 물질이기 때문에 가만히 있지 않는다. 이다. 인접한 콜라겐 분자의 사슬 속의 아미노산을 상대로 하여 반응을 일으킨다. 반응을 일으키는 상대가 아미노산이라고 생각되는 것은 라이신 및 하이드록시라이신이다. 이 하이드록시

```
         알데하이드
  ~~HN—CH—CO~~
         |
         CH₂
         |
         CH₂                    ~~HN—CH—CO~~
         |                              |
         CH·R                           CH₂
         |                              |
         CHO         H₂O                CH₂
                   ↗                    |
         +       →                      CH·R
                                        |
         NH₂                            CH
         |                              ‖
         CH₂                            N
         |                              |
         CHOH                           CH₂
         |                              |
         CH₂                            CHOH
         |                              |
         CH₂                            CH₂
         |                              |
  ~~HN—CH—CO~~                         CH₂
     하이드록시라이신                    |
                             ~~HN—CH—CO~~
                                  시프염기
```

〈그림 5-4〉 시프염기형 가교의 생성. 알데하이드(CHO)는 하이드록시라이신의 아미노기(NH_2)와 반응해서 크로스링크를 만든다

라이신이라는 아미노산도 본래는 라이신이었다가 역시 콜라겐의 사슬이 만들어진 뒤, 다른 효소의 작용을 받아서 하이드록시라이신으로 바뀐 것이다. 라이신 및 하이드록시라이신은 아미노기(NH_2)를 갖고 있다. 알데하이드는 아미노기와 반응하여 시프(Schiff) 염기라고 불리는 화합물을 만드는 성질이 있다. 이와 같은 반응이 어떤 콜라겐분자의 알데하이드와 인접하는 콜라겐 분자의 라이신(또는 하이드록시라이신) 사이에서 일어나면, 바로 크로스링크가 형성되어 두 분자는 가교로써 결합하게 된다(〈그림 5-4〉 참조). 연달아 분자 사이에 크로스링크가 형성되면, 콜라겐의 섬유는 튼튼하게 되어 갈 것이다. 그리고 실제로 콜라겐 속에 이 시프염기형 크로스링크가 존재한다는 것은

1960년대 말에 미국의 탄저, 영국의 베일리 등에 의하여 증명되었다.

미숙한 시프염기형 크로스링크

그러면 시프염기형 크로스링크로 콜라겐의 「나이를 먹는」 현상을 설명할 수 있을까? 시프염기형 크로스링크의 양은 과연 나이와 더불어 늘어나는 것일까?

시프염기형 크로스링크의 양이 동물이나 인간의 나이와 더불어 어떻게 변화하는지는 1970년대 초에 연구되었다. 이 크로스링크가 나이와 더불어 늘어난 것이라면 이야기는 매우 간단하였으나 결과는 의외로 예상과는 정반대였다. 시프염기형 크로스링크의 양이 나이와 더불어 감소한 것이다.

갓 태어난 동물이나 인간의 콜라겐에 확실히 이 형의 크로스링크가 많다. 그것은 동물의 성장과 더불어 자꾸 감소하여 쥐에서는 1세 정도, 인간에서는 20세 정도, 즉 성인이 되었을 때는 거의 다 없어져 버린다(〈그림 5-5〉 참조). 이 변화는 시험관 속에서도 관찰되었다. 젊은 동물의 콜라겐 섬유를 생리식염수 속에 넣고 37℃로 보온해 두면 수주 내에 시프염기형 크로스링크가 감소해 가는 것을 볼 수 있었다. 살아있는 동물을 사용하는 것과 달리, 시험관 안의 실험에서는 콜라겐의 교체를 생각할 필요가 없기 때문에 훨씬 직접적인 실험증거가 얻어지는 셈이다.

또 시프염기라고 불리는 화합물은 일반적으로 화학적으로 불안정하다. 예컨대 약한 산속에 넣으면 곧 분해되어 본래의 알데하이드와 아미노기로 되돌아가 버린다. 그러나 성숙한 동물

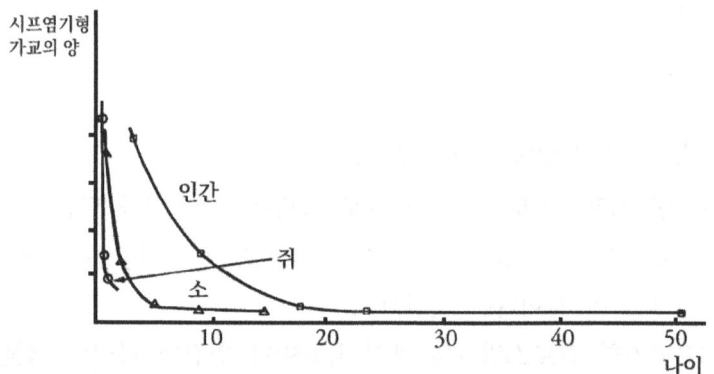

〈그림 5-5〉 시프염기형 가교량의 나이에 의한 변화(베일리 등)

의 콜라겐 섬유는 약한 산 등에 대하여 튼튼하다. 그 크로스링크는 그렇게 간단히 파괴되는 것이라고는 도저히 생각되지 않는다. 성숙한 콜라겐 섬유의 크로스링크는 시프염기 화합물과는 다른 안정된 화합물인 것이 틀림없다.

그래서 콜라겐 크로스링크가 나이와 더불어 단순히 늘어난다는 가설은 정정되어, 크로스링크에는 나이와 더불어 질적인 변화가 일어난다는 설이 제창되었다. 즉 시프염기형 크로스링크는 「미숙」 크로스링크라고 불러야 할 것이고, 그것이 차츰 더욱 안정된 화합물의 「성숙」 크로스링크로 변화해 가는 것이리라는 것이다. 1970년대 초의 일이다.

새 크로스링크 피리디놀린의 등장

그렇다면 「성숙」 크로스링크는 어떤 화학적 정체의 물질일까? 이 물질의 정체는 좀처럼 파악되지 않았다. 크로스링크는 콜라겐의 전체 아미노산의 수천분의 1에서 1만분의 1 정도밖

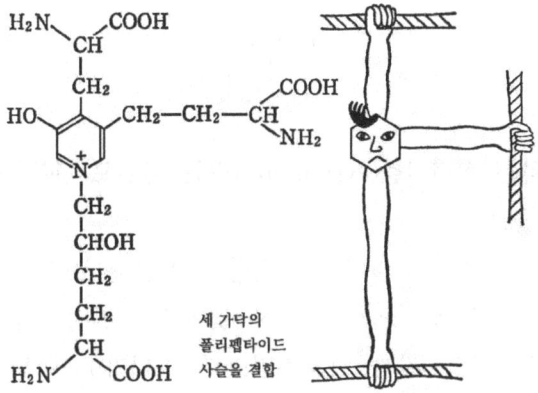

〈그림 5-6〉 피리디놀린의 구조

에 없는 미량성분이므로, 이것을 찾아내는 것은 어려운 일이다. 물론 여러 가지 설이 제안되었다. 그러나 그 어느 것도 상황증거만의 논의일 뿐 확실한 물적 증거가 결여되어 있었다. 여러 가지 설이 나왔지만, 그것에 따라 또 강렬한 반대론이 나오기 때문에, 미국의 어느 학자는 크로스링크의 연구는 마치 지뢰를 묻어 놓은 들판에서 물건을 찾는 일과 같다고 한탄했다.

1977년, 콜라겐 속으로부터 새로운 아미노산을 추출했다. 그것은 자외선을 쪼이면 아름다운 청색 빛을 내는—즉 형광성이 있는 진귀한 아미노산이었다. 이듬해에는 300g의 뼈의 콜라겐을 처리하여 약 30mg의 이 물질을 얻어 구조를 결정할 수 있었다. 그 구조는 〈그림 5-6〉과 같이 벤젠고리에 아미노산의 결합수[아미노기($-NH_2$)와 카복실기($-COOH$)]가 3개 결합한 구조를 하고 있었다. 즉 3개의 결합수에 의하여 세 가닥의 단백질 사슬 사이에 가교를 형성할 수 있는 크로스링크였다.

위의 식은 피리디놀(Pyridinol)이라는 물질로, 피리다놀린이라고 명명하였다.

1980년 영국의 베일리는 불결한 콜라겐 시료에는 확실히 피리디놀린이 있지만, 콜라겐을 잘 씻어주면 발견되지 않으므로, 이것은 콜라겐의 진짜 크로스링크가 아니라고 이의를 제기했다. 더구나 우리가 제출한 구조식이 틀렸다고 단정했다. 어쨌든 베일리는 시프염기형 크로스링크 발견자의 한 사람이며, 말하자면 이 방면의 세계 제일의 권위자였으므로 나는 동요했다. 지뢰를 밟아 폭발이 일어난 것이다. 당황하여 베일리가 말하듯이 콜라겐을 잘 씻어보았으나 피리디놀린은 없어지지 않았다. 나는 종교재판에 돌려졌던 갈릴레오처럼 「그래도 피리디놀린은 있다」고 중얼거렸다.

1981년이 되자 일본, 미국, 체코슬로바키아 등 적어도 8군데의 연구실에서 연달아 피리디놀린 확인에 관한 보고가 나왔다. 1983년에는 옛날 베일리와 공동연구를 하던 영국의 로빈스(F. C. Robbins)가 피리디놀린의 존재와 우리의 구조식을 확인하는 긴 논문을, 베일리가 논문을 발표했던 잡지―유명한 영국의 생화학회지―에 발표했다. 이것으로 결판이 난 것이다. 여기서 「옳은 것은 마지막에 승리하는 것이다」라고 큰소리를 쳐야 할 것이지만, 마음이 약한 나는 다만 가슴을 쓸어내리며 안도의 한숨을 뱉었을 뿐이다.

피리디놀린은 「성숙」형 크로스링크

 콜라겐 속의 피리디놀린의 양이 동물이나 인간의 나이와 더불어 어떻게 변화하는가를 가장 알고 싶었다. 우리는 곧 여러 가지 재료를 열심히 수집하였다. 때마침 아들의 젖니가 빠져 이것도 실험재료로 쓰기로 하였다. 「자기 아들을 실험재료로 하다니 제너(E. Jenner)의 종두(種痘) 이래의 일이 아니냐」고 은근히 자랑했었지만, 누구도 상대해 주지 않았었다.

 중요한 것은 피리디놀린량의 변화인데, 갓 태어난 쥐의 콜라겐에는 거의 없고, 성장과 더불어 급속히 증가하는 것을 볼 수 있었다. 성숙한 후에는 피리디놀린량이 아주 서서히 상승하는 것이 관찰되었다. 이 패턴은 피리디놀린이 바로 성숙 크로스링크의 하나라는 것을 증명한다. 한편 인간의 조직에서도, 태아에서는 매우 적지만, 신생아에서부터 유아기에 걸쳐 피리디놀린이 급속히 증가하는 것이 발견되었다. 뼈, 이 등의 조직에서는 성인이 되고서부터 노령에 이르기까지 같은 수준이었으나, 연골에서는 30세를 넘으면서부터 다시 감소하기 시작했다. 쥐와 인간의 나이를 먹는 방식이 다르며, 인간의 나이를 먹는 방식의 복잡성이 피리디놀린량의 변화로부터도 시사되었다.

 또 피리디놀린의 합성은 시험관 속에서도 나타났다. 젊은 뼈의 콜라겐을 생리식염수 속에서 37℃로 수주간 보온해 두면, 피리디놀린이 계속 증가하여 성인의 뼈의 수준에까지 도달하였다. 이것은 마치 시프염기형 크로스링크의 감소와 정반대의 관계였다. 그 화학 구조식이나 콜라겐 섬유 속에서의 존재 장소 등을 고려한다면 피리디놀린은 시프염기형 크로스링크의 하나(데하이드로디하이드록시리디노-노르-로이신이라는 긴 이름의 크로스

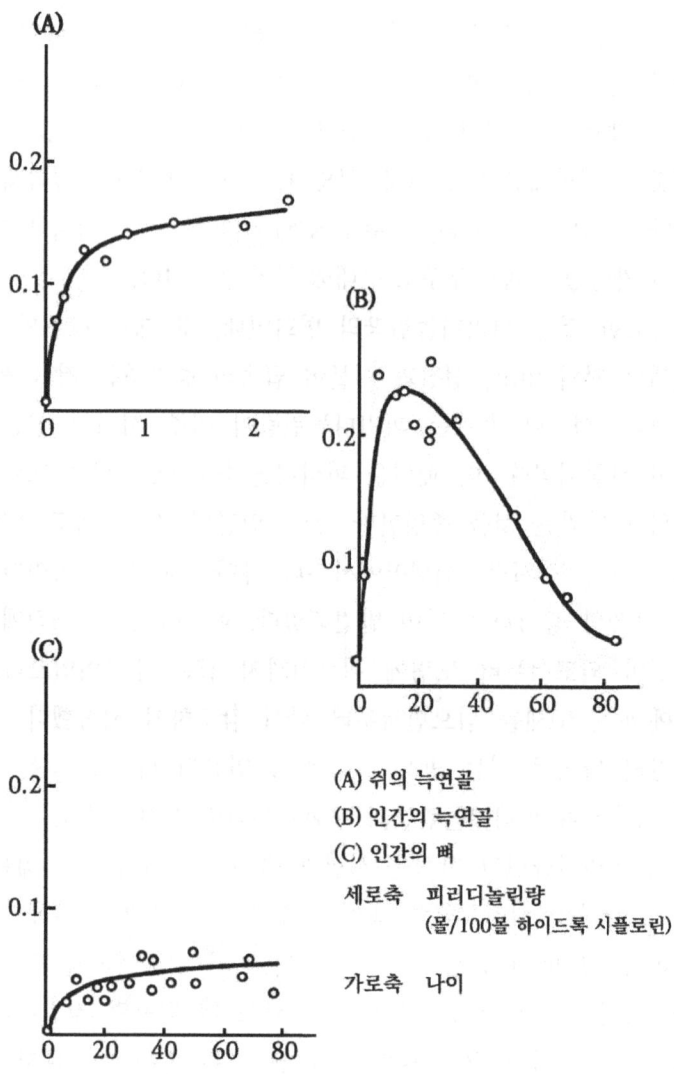

〈그림 5-7〉 나이에 의한 피리디놀린량의 변화

5. 크로스링크 3단계설

링크)로부터 만들어지는 것이라고 생각된다.

피리디놀린은 시프염기화합물과 달라서 열이나 산에도 안정적이다. 세가닥사슬을 튼튼하게 고정한다. 피리디놀린의 생성이 갓난아기에서부터 성인으로의 변화, 즉 성숙 과정에서 콜라겐 섬유가 기계적으로 강해지고, 효소나 약제에 저항성을 증가해 가는 변화의 원인의 하나로 생각된다. 그러나 뒤에서 말하듯이, 예컨대 피부의 콜라겐에는 피리디놀린이 거의 없다. 이와 같은 조직의 콜라겐에는 피리디놀린 이외의 다른 성숙 크로스링크가 있어, 콜라겐의 안정성에 기여하고 있을 것이었다. 크로스링크의 탐색을 더욱 계속해야만 했다.

젊은 성인인 인간의 조직에서 보자면 피리디놀린은 연골, 아킬레스힘줄, 치아, 대동맥벽, 뼈 등의 콜라겐에 존재하고 피부, 각막, 신장사구체 등의 콜라겐에는 거의 없다.

마르판(Marfan)증후군이라는 유전병이 있다. 이 병에서는 대동맥에 혹이 생기거나, 척추나 관절에 이상이 나타나거나, 눈의 렌즈가 탈구(脫臼)하는 등의 증상을 볼 수 있다. 즉 결합조직의 이상이다. 이 환자의 동맥벽 콜라겐의 피리디놀린 함량이 특히 얕은 것이 미국학자에 의하여 보고되었다.

화상을 입은 피부는 딱딱하게 솟아오른다. 학문적인 말로는 비후성 반흔(肥厚性嫌瘢)이라고 한다. 외관상 보기 흉하고, 장소에 따라서는 운동에 지장을 준다. 정상적인 피부에서 피리디놀린이 거의 없으나, 화상 입은 피부에는 피리디놀린이 나타나는 것으로 확인되었다.

그 밖에 구루병(佝僂病), 당뇨병, 자궁근종(子宮筋腫) 등 각종 질병과 더불어 피리디놀린의 양에 비정상적인 변동이 일어나는 것이 발견되었다. 정상적인 성인의 조직에는 가장 적절한 피리디놀린 함량이 있는 것이었다. 그보다 너무 많거나 적은 것은 바람직하지 않다.

시프염기형 크로스링크로부터 피리디놀린이 생성되는 과정은 어린 콜라겐이 젊은 콜라겐으로 되는 변화에 대응한다. 다만 시프염기 화합물로부터 피리디놀린이 생성되는 과정만이 크로스링크의 변화가 아니라는 것을 다시 한 번 반복하여 두고자 한다. 특히 정상적인 피부의 콜라겐에는 피리디놀린이 거의 없다. 이 조직에서는 다른 크로스링크가 주역을 하고 있을 것이었다. 이것을 어떻게든 발견해야만 한다.

노화와 피리디놀린

피리디놀린이 성숙에 대응하는 크로스링크라고 결론지었으나, 인간의 노화와 관계가 없는 것은 아니다. 노화와의 관련성이 있을 가능성의 하나는, 인간의 연골에서 관찰된 피리디놀린의 노화에 수반해서 일어나는 감소이다. 인간의 연골에서는 뼈나 이의 콜라겐과는 달리 노화에 수반하여 피리디놀린이 두드러지게 감소해 버린다. 이와 같은 감소는 쥐의 연골에서는 볼 수 없다.

인간의 연골의 노화에 어떤 현상이 일어나는지 생각하면 손발, 등뼈 등의 관절연골에서는 미모나 변형이 일어나는 것을 떠올릴 수 있다. 늑골 끝에도 연골이 있는데, 이 연골은 노화와 더불어 딱딱해진다. 이 연골의 경화는 호흡 때의 흉곽 운동을 방해하는 원인의 하나이다. 늑골의 연골이 굳어지는 이유의 하나는 칼슘이 나이와 더불어 침착되어 가는 것일 것이다. 또 연

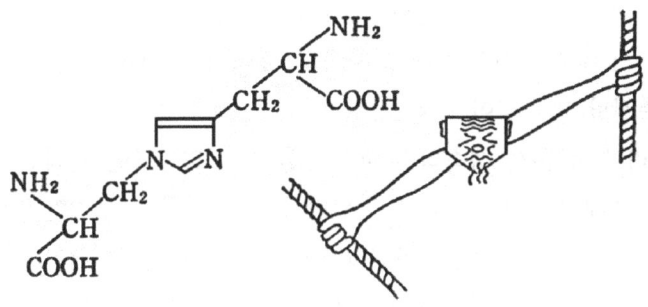

노화 가교일지도 모른다
〈그림 5-8〉 히스티디노알라닌의 구조

골은 프로테오글리칸이 많은 조직인데, 프로테오글리칸의 양이 노화와 더불어 감소해 가는 것도 이유의 하나일 것이다(4장 6 참조). 연골의 콜라겐섬유를 접합하고 있는 피리디놀린이 파괴되면, 콜라겐의 섬유구축에 이상이 생겨 비틀어지거나 변형을 낳게 할 가능성이 있다. 그렇게 되면 칼슘이나 색소가 콜라겐섬유 속으로 끼어들거나 또 반대로 프로테오글리칸이 콜라겐섬유 사이로부터 빠져나가거나 하는 것이 예상된다. 칼슘의 침착이나 프로테오글리칸의 감소는 연골로부터 싱싱함을 잃게 하여 경화를 가져오게 한다.

피리디놀린과 노화와의 관련의 둘째 점은 노화에 수반하여 여분의 콜라겐이 늘어나는 것에 관련되어 있다.

앞에서 말했듯이(4장 6 중반부 참조) 간장이나 심장 등 많은 장기에서는 나이의 상승과 더불어 세포의 수가 줄어들고, 그것에 대치되듯 콜라겐이 늘어난다. 게다가 스트레스 등으로 장기에 상처가 생기면, 상처를 치유하기 위하여 콜라겐이 생성된다. 대개의 경우 콜라겐이 여분으로 생성되어 축적된다. 이와 같은 여분의 콜라겐은 심장이나 허파의 활동을 방해하고 또 세포와 혈액 사이의 영양물이나 노폐물의 교환을 방해하여 몸의 노화를 촉진할 가능성이 매우 높다.

콜라겐 섬유가 성숙하여 피리디놀린이 생성되면 콜라겐 섬유는 튼튼해지고 효소 등에 침범당하기 어렵게 된다. 만일에 피리디놀린이나 다른 성숙가교(成熟架橋)의 생성을 잘 저지하는 방법이 있다면 콜라겐은 언제까지고 어린 콜라겐 그대로이고, 몸속의 소화효소에 쉽게 파괴되어 소멸하여 버릴 것으로 예상된다. 이처럼 하여 노화를 촉진하는 것으로 생각되는 여분의 콜라겐의 축적을 잘 저지할 수가 있을는지도 모른다.

노화의 크로스링크

이미 「나이와 더불어 변화하는 콜라겐」에서 설명했듯이, 콜라겐 섬유의 성질 변화 중에서도 인간의 힘줄의 인장력의 강도 변화나 활막의 펩신에 대한 저항성의 변화는, 콜라겐 섬유의 성숙, 즉 어린 콜라겐으로부터 젊은 콜라겐으로의 단계에서 주로 일어난다. 그러나 힘줄을 산에 담갔을 때의 팽윤성 변화나, 힘줄이나 뇌의 막의 브로민사이안에 대한 변화 등은 주로 성인이 된 후부터 일어나는 듯하다(4장 7 참조). 즉, 젊은 콜라겐이 늙은 콜라겐으로 변화하는 것이다. 이때 콜라겐 섬유 속에서는 어떤 일이 일어나는 것일까? 역시 크로스링크로서 설명하고 싶어진다. 아마 노화 크로스링크는 이 시기에 형성되는 것이 아닐까?

1982년 우리는 히스티디노알라닌(Histidinoalanine)이라는 새로운 크로스링크 물질을 인간의 치아 속으로부터 추출하여 그

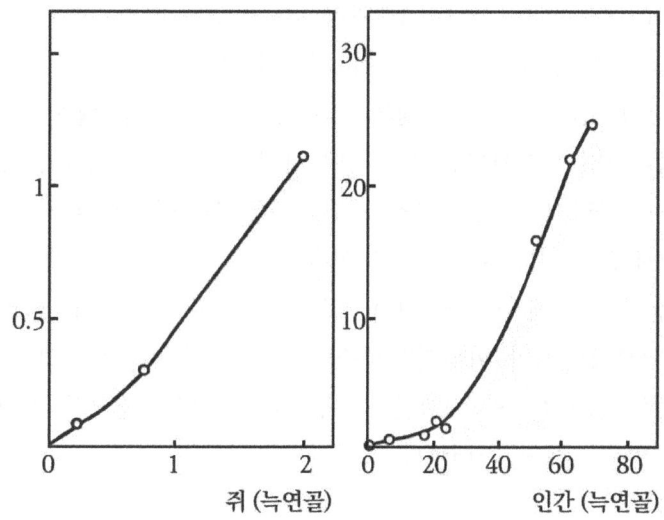

세로축은 히스티디노알라닌량(μ몰/g)

〈그림 5-9〉 나이에 의한 히스티디노알라닌량의 변화

구조를 결정하였다.

이 물질은 아미노산의 결합수를 두 개 가지고 있어, 두 가닥의 단백질사슬을 결합할 수가 있다. 이 물질은 인간의 치아 속에는 다량으로 있으나, 소의 아킬레스힘줄에는 거의 없었기 때문에 처음에는 석회화된 조직에 특유한 것이 아닐까라고 예상했었다. 그러나 예상은 빗나갔다. 인간의 각종 결합조직 속에서는 많이 발견되지만, 소나 쥐 등 다른 동물의 조직에는 인간만큼은 없다는 것이 밝혀졌다. 더욱 조사한 바로는 노령의 인간 조직일수록 많고, 일생 성인이 되고서도 양이 계속 증가한다. 바로 노화 크로스링크인 것이다.

쥐의 경우도 결합조직 속의 히스티디노알라닌의 양은 나이와 더불어 증가한다. 그러나 2세짜리 쥐—이것은 인간으로서는 70세쯤의 노인에 해당하는데, 이 나이가 많은 쥐의 결합조직의 히스티디노알라닌량은 노령의 인간에게 비교하면 훨씬 적다. 즉 생리적인 나이보다는 물리적인 나이에 더 깊은 관계가 있는 듯하다. 콜라겐 등 결합조직의 단백질은 성인이 되고부터는 교체가 매우 느리다. 수명이 긴 인간에서는 결합조직의 단백질은 오랫동안 몸속에 머물러 있다. 긴 시간 동안 히스티디노알라닌이 생성되는 것이 아닐까? 히스티디노알라닌이 인간에게서 볼 수 있는 결합조직의 노화를 잘 설명하는 크로스링크가 아닐까 하고 우리는 크게 기대했다.

동맥을 경화시키는 크로스링크

히스티디노알라닌은 연골이나 혈관 벽에 특히 많이 존재한다. 히스티디노알라닌이 이와 같은 조직 속에서 어떤 단백질을 어떻게 결합하고 있는가를 먼저 조사하지 않으면 안 된다. 그러나 나이를 먹은 사람의 조직은 잘 녹지 않으므로 그것을 여러 가지 성분으로 가려내기는 매우 까다롭다.

대동맥을 구성하고 있는 주된 단백질은 콜라겐과 엘라스틴(단백질의 일종)이다. 4장 「콜라겐 이외의 결합조직 성분」에서 설명했듯이 엘라스틴은 고무처럼 신축성이 있는 단백질로서 탄력성이 필요한 조직에 존재해 있다. 엘라스틴에 췌장으로부터 취한 엘라스타아제(Elastase)라는 효소를 작용시키면 사슬이 뿔뿔이 끊어져서 녹아버린다. 엘라스타아제는 콜라겐의 섬유를 녹이지는 못한다. 한편 콜라게나제(Collagenase)라는 효소도 있는데, 이것은 엘라스틴에는 작용하지 않지만 콜라겐의 사슬을 뿔뿔이

흩트려 놓는다. 나이를 먹은 사람의 대동맥에 엘라스타아제를 작용시켜 엘라스틴의 사슬을 절단해 보았더니 전체의 35%의 히스티디노알라닌이 잘려져 나왔다. 한편, 콜라게나제믄을 작용시켜 콜라겐을 파괴시켜 보았더니 약 15%의 히스티디노알라닌이 잘려져 나왔다. 엘라스타아제와 콜라게나제를 작용시켜 본즉 실제로 모든 히스티디노알라닌이 모두 잘려져 녹아 나왔다. 엘라스타아제와 콜라게나제를 작용시켜서 녹인 부분을 가려내어 조사했더니 히스티디노알라닌의 대부분은 어떤 특별한 단편으로 존재했다. 이 단편의 조성을 조사한즉 콜라겐과도 엘라스틴과도 달랐다. 이 실험결과는 다음과 같이 해석할 수 있다.

대동맥에는 콜라겐이나 엘라스틴과도 다른 제3의 단백질이 있어서 히스티디노알라닌의 대부분은 그 단백질과 관계가 있는 듯하다. 그 단백질은 매우 별나게도 노화한 대동맥벽 속에서는 독립적으로, 즉 단독으로는 존재하지 않고, 엘라스틴이나 콜라겐 또는 그 쌍방에 결합하여 존재하고 있는 것 같다. 엘라스틴이나 콜라겐을 파괴하지 않으면 그 단백질은 추출할 수가 없기 때문이다. 그 단백질과 콜라겐이나 엘라스틴의 결합에 관여하고 있는 크로스링크가 히스티디노알라닌일지도 모른다. 만일에 노화와 더불어 이 제3의 단백질과 콜라겐, 엘라스틴 사이에 히스티디노알라닌 등의 크로스링크가 형성되어 얽힌다면 대동맥 전체가 딱딱해져서 유연성을 잃게 되리라는 것은 충분히 예상할 수 있는 일이다.

제3의 단백질의 존재

여기서 생각나는 것은 엘라스틴의 노화에 수반하는 변화로서 보고되고 있는 현상이다. 엘라스틴은 매우 특징적인 아미노산 조성(어떤 종류의 아미노산이 어떤 비율로 함유되어 있는가를 가리키는 데이터)을 가지고 있는데, 나이의 상승과 더불어 엘라스틴의 아미노산 조성에 변화가 일어나는 것이 발견되었다. 이것도 4장 「콜라겐 이외의 결합조직 성분」에서 설명했지만, 엘라스틴은 매우 녹기 힘든 단백질로서, 따라서 엘라스틴을 추출하는 데는 콜라겐, 기타 단백질을 열알칼리로 처리하여 무리하게 녹여버린 뒤의 나머지 것을 엘라스틴으로 하는 것이 보통이다.

그러나 만약에 엘라스틴 이외의 단백질과 엘라스틴 사이에 크로스링크가 형성되면, 엘라스틴 속에 그 단백질이 섞여서 엘라스틴의 조성을 외견상 변화시킬 가능성이 있다. 아니 오히려 이것이 엘라스틴 조성의 노령화에 수반하는 변화의 원인이라고 지적한 학자도 몇이나 된다. 이 단백질과 엘라스틴 사이에 노화에 수반하는 어떤 크로스링크가 형성되기 때문이라고 생각하면, 엘라스틴의 노화 현상을 잘 설명할 수가 있는 것이다.

이것과 관련하여 중요한 것은 동맥경화와의 관계이다. 동맥경화는 동맥벽에 콜레스테롤 등의 지방질이 침착해서 일어난다. 더욱 심해지면 칼슘이 부착하여 딱딱하게 굳는다. 콜레스테롤이나 칼슘이 침착하는 곳은 주로 엘라스틴의 섬유이다. 지방질이나 칼슘이 부착한 곳, 즉 동맥경화 병소(病集) 속 엘라스틴의 조성을 조사해 보면 아미노산 조성이 변화하고 있어 전형적인 노화 엘라스틴이라는 것을 알 수 있었다. 그러므로 노화와 더불어 엘라스틴에 결합하는 것으로 생각되는 단백질이 지방질이나 칼슘에 강한 친화력을 가지고 있다고 생각하면, 지방질이나 칼슘의 침착, 즉 동맥경화의 진행을 잘 설명할 수 있게 된

필요한 크로스링크도 있고 불필요한 크로스링크도 있는 것 같다

다. 동맥경화에 걸리는 사람의 비율이나 이와 더불어 상승한다는 것도 수긍이 되는 셈이다.

우리는 동맥경화의 전문가인 세인트루이스대학의 유 박사와 협동하여 이 노선을 좇아 연구를 진행하고 있다. 최근에 나이를 먹은 사람의 대동맥벽으로부터 칼슘으로 딱딱해진 부분을 추출하여 조사한 바, 거기에 히스티디노알라닌이 다량으로 존재하는 것이 발견되었다.

나이를 먹어도 히스티디노알라닌이 조금밖에 생기지 않는 쥐의 동맥에서는 동맥경화는 자연으로는 좀처럼 일어나지 않는다는 사실 또한 무척 흥미롭다.

유전자에 지배되지 않는 노화 크로스링크

이처럼 인간의 노화와 노인이 걸리기 쉬운 병, 크로스링크

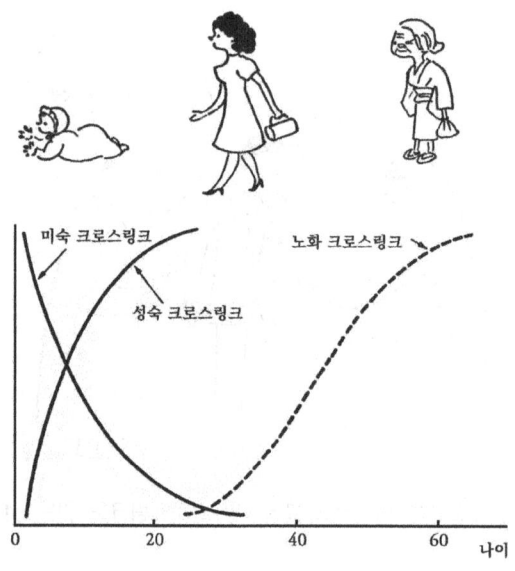

⟨그림 5-10⟩ 크로스링크 3단계 설

사이의 관계가 희미하게나마 그려진다. 물론 아직 결정적인 증거는 아무것도 없다.

처음에는 나이의 상승과 더불어 어떤 크로스링크가 점점 늘어난다고 생각되고 있었으나 사실은 그렇게 간단한 것은 아니었다. 갓 형성된 결합조직에 있지만, 성숙과 더불어 사라지는 미숙(未熟) 크로스링크(시프염기형 크로스링크 등)이 있고, 성숙과 더불어 늘어나는 성숙 크로스링크(피리디놀린 등)도 있고, 그리고 노화에 수반하여 형성되는 노화 크로스링크(히스티디노알라닌 등)도 있을 것 같다는 것이 알려졌다. 이것이 바로 크로스링크 3단계 설이다(⟨그림 5-10⟩ 참조). 앞의 두 크로스링크는 생리적으로 중요하다. 크로스링크가 형성되는 곳도 분명히 정해져 있어 일정한 단백질의 정해진 곳에서 일어난다. 이 장소를 결정하는 것은 단백질의 아미노산 배열순서와 그것을 식별하여 반응을 일으키는 효소의 성질이다. 즉 근본적으로는 유전자, DNA에 의하여 결정된다.

그것에 대해 노화와 더불어 증가하는 크로스링크는 6장에서 설명하듯이 아마도 순수한(즉 효소가 관여하지 않는) 화학반응이며, 단백질이 오랫동안 몸속에 존재하는 사이에 자연적으로 생겨나는 것으로 보인다. 유전자에 지배되지 않는 크로스링크이다. 그것은 몸에 있어서 불편한 것이며 해로운 영향을 끼치는 것으로 생각된다.

노화와 더불어 늘어나는 크로스링크로서는 히스티디노알라닌이 제1호인데 그 밖에도 더 있을 것이 틀림없다. 나로서 가장 마음에 걸리는 것은 앞에서 말한 힘줄의 콜라겐 섬유의 변화, 즉 젊은 콜라겐으로부터 늙은 콜라겐으로의 변화는, 히스티디노알라닌으로서는 설명이 안 된다는 점이다. 히스티디노알라닌은 콜라겐 자체보다도 그것에 부속된 단백질에 많은 셈인데, 힘줄의 콜라겐 본체에는 있다고 하더라도 극히 소량이다. 힘줄의 콜라겐의 노화를 설명하기 위해서는 다른 크로스링크의 존재를 생각하지 않으면 안 된다. 그것은 도대체 어떤 크로스링크일까?

최근에 와서 콜라겐의 노화 크로스링크의 유력한 후보가 나타났는데, 그것은 단백질과 당 사이의 반응이 관계하고 있다. 이것에 대해서는 6장에서 설명하겠다.

6. 노화를 초래하는 화학반응

식품의 가열에 의한 화학변화—메일러드 반응

조리할 때 음식물을 조리거나 굽거나 또는 기름에 튀기면 착색되고 향기(냄새)도 나는 것은 누구나 다 알고 있다. 이 색깔이나 향기는 식욕을 돋우는 중요한 인자이다. 이 현상을 화학적으로 연구한 사람은 프랑스의 화학자 마냐르였다. 1912년 마냐르는 아미노기를 가진 화합물과 당을 섞어서 가열하자 갈색으로 착색되는 것을 보았다. 마냐르는 이 현상이 식품의 제조, 저장, 조리와 밀접한 관계가 있다는 것을 지적했다.

그 후 식품 화학자에 의하여 이 반응(마냐르는 영어식으로 메일러드 반응이라고 한다)은 상세히 연구되었다. 포도당과 같은 당은 알데하이드기를 가지고 있어 아미노산이나 단백질 속의 라이신의 아미노기와 반응하여 시프염기 화합물로 된다. 콜라겐의 크로스링크에서 설명한 바와 같은 시프염기 화합물이다. 시프염기는 다음에 아마도리(Amadori) 전위라고 불리는 반응을 일으켜서 다소 안정된 화합물이 된다. 이것이 메일러드 반응의 초기 단계이다. 이 반응은 이것으로만 그치지 않고 더욱 진행된다. 몇 단계의 복잡한 과정을 거쳐서 최종적으로는 다갈색의 물질로 변화하는데(〈그림 6-1〉참조), 중간 산물도 최종 산물도 잘 해명이 되어 있지 않다. 그러나 최종 산물의 어떤 것은 형광을 지녔고 또 단백질끼리 결합하는 크로스링크의 작용을 하는 것도 만들어지는 것 같다. 반응은 가열온도가 높을수록 빨리 진행한다.

메일러드 반응은 식품 화학자의 관심을 끌어 세계 각국에서 연구가 진행되었다. 그러나 몸속에서도 메일러드 반응이 일어나고 있다는 것이 확인된 것은 50년이나 더 지난 후였다.

6. 노화를 초래하는 화학반응

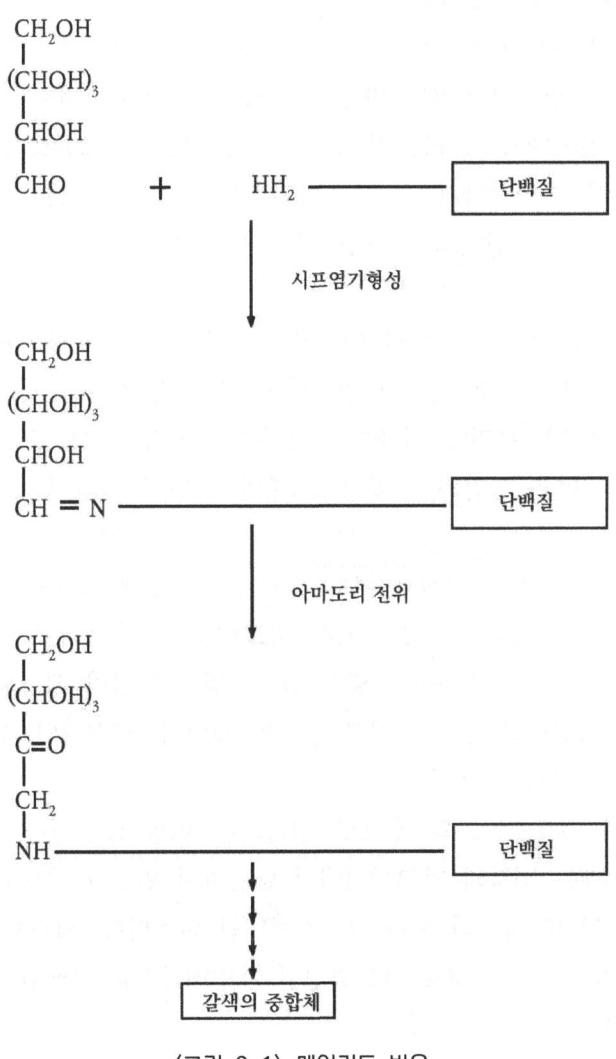

〈그림 6-1〉 메일러드 반응

인체 내의 메일러드 반응

지금으로부터 약 15년 전, 혈액 속의 붉은 색깔을 한 단백질 헤모글로빈에 메일러드 반응의 초기 반응(당의 아미노기로의 첨가)이 일어나고 있다는 것, 또 당뇨병환자의 헤모글로빈에서는 이 반응이 일어나기 쉽다는 것이 제시되었다. 그것에 이어서 생체의 다른 단백질(콜라겐)에서도 메일러드 반응이 일어나고 있다는 것이 보고되었다.

1984년 초기 반응뿐만 아니라 메일러드 반응의 중기와 후기의 반응이 콜라겐 속에서 일어나고 있는 것 같다는 것이 미국의 연구진과 우리에 의하여 독립적으로 지적되었다. 그 근거는 나이를 먹은 인간의 아킬레스힘줄이나 뇌의 외막의 콜라겐이 나타내는 형광의 성질이, 메일러드 반응이 진행되었을 때에 생기는 형광물질의 성질과 매우 흡사하다는 점에 있다. 메일러드 반응이 일어나고 있다면, 크로스링크 물질도 생성되고 있을 가능성이 크다. 그렇지만 정말로 크로스링크 물질이 생성되고 있는지, 생성되고 있다면 어떤 구조의 것인지, 핵심적인 것은 아직 알지 못하고 있다.

노화 크로스링크의 후보로 생각되는 메일러드 반응 생성물은, 본래는 식품의 가열처리에서 발단하여 연구가 진행된 것이다. 한편 또 하나의 노화 크로스링크인 히스티디노알라닌은, 결합조직의 노화 연구로부터 발견된 것인데, 각종 단백질을 그저 가열 처리만 해도 생성된다.

혈액 속의 알부민이나 우유 속의 카제인(Casein) 등 결합조직과는 전혀 관계가 없는 단백질을 가지고 와서 생리식염수에 녹이고, 그것을 높은 온도에서 가열해보았다. 예컨대 100℃에서

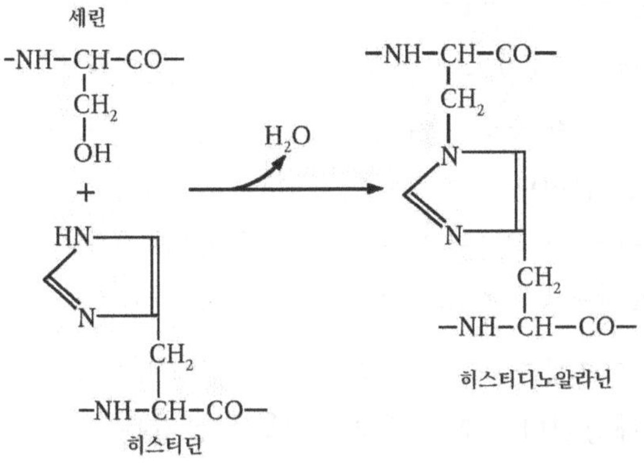

```
                세린
         -NH-CH-CO-              -NH-CH-CO-
              |                       |
              CH₂         H₂O         CH₂
              |          ──→          |
              OH                      N
              +                      ╱ ╲
         HN─╮                       N   
            ╲                        ╲
             N                        CH₂
              ╲                       |
               CH₂                -NH-CH-CO-
               |                   히스티디노알라닌
          -NH-CH-CO-
             히스티딘
```

〈그림 6-2〉 히스티디노알라닌의 예상되는 생성 경로

24시간, 또는 110℃에서 8시간, 120℃에서 2시간쯤 가열하면 단백질 속에 히스티디노알라닌이 많이 생성된다.

그 구조로부터 생각하면 히스티디노알라닌은 히스티딘이라는 아미노산과 세린 또는 시스테인이라는 아미노산으로부터 생성되는 것으로 생각된다. 이들 아미노산은 대개의 단백질 속에 함유되어 있다. 단백질 속의 히스티딘과 세린(또는 시스테인)이 접근해 있으면, 높은 온도 아래서는 양자 간에 반응이 일어나서 히스티디노알라닌이 생성될 것이다. 물론 효소가 없이 말이다.

「조리」가 생체 노화의 모델

이렇게 보니, 히스티디노알라닌의 생성과 메일러드 중기 및 후기 반응은 매우 비슷한 공통의 특징을 지니고 있다. 양쪽 모두 효소가 관여하지 않는 순수한 화학반응이다. 반응하는 물질끼리가 서로 접근하면 어떤 확률로서 반응이 일어나는 것이리라. 그 확률은 온도가 높으면 그만큼 높아진다. 예컨대 120℃

정도의 온도에서는 1~2시간 동안 진행한다. 100℃에서는 120℃에 비해 상당히 느리지만 24시간을 가열하면 된다. 인간이나 동물의 몸의 온도, 즉 37℃ 정도에서는 어떨까? 반응은 훨씬 천천히 일어나는 것이 아닐까? 수시간 또는 수일간에서는 물론 계량할 수 있을 정도로는 반응이 진행하지 않을 것이다. 아마 수주간 아니 수개월 동안에는 안 될 것이다. 그러나 수년, 수십 년 동안에는 이들의 반응이 진행하여 크로스링크가 형성될 것이 예상된다. 세포 속의 단백질 분자는 보통 자꾸만 새로이 만들어지고는 낡은 것은 버려지고 교체되고 있다. 따라서 노화 크로스링크가 눈에 두드러지게 생길만한 시간은 없을 것이다. 그러나 몇 번이고 되풀이하여 말했듯이 결합조직의 단백질과 같이 세포 바깥에 있는 단백질은 교체가 적다. 인간의 몸 속에 적어도 10년이나 그 이상을 존재하는 것이 된다. 그 사이에 조금씩 만들어진 크로스링크가 눈에 될 양까지 축적되어 갈 것이다. 이것이 노화의 본질이 아닐까?

우리의 실생활을 떠올려 보자. 시계나 텔레비전이나 사진기 등은 깨어지면 물론이고, 깨어지지 않더라도 새로 사서 바꾼다. 세포 속의 보통 단백질이 이것에 해당한다. 그러나 주택 등은 좀처럼 바꿀 수가 없다. 결합조직의 콜라겐이나 엘라스틴은 주택과 같은 것이다. 여기까지 쓰고 나니 이 비유가 적절하지 못하다는 생각이 든다. 우리 집 텔레비전이나 사진기도 역시 아주 고물이다. 전혀 바꾸지 않고 있다. 한편 세상에는 집이나 맨션을 자꾸 사서 바꾸어가는 부자도 많다.

중요한 것은 단백질이 오랫동안 몸속에 머물러 있으면, 히스티디노알라닌의 생성이나 메일러드 반응 등 이외에도 여러 가

6. 노화를 초래하는 화학반응 113

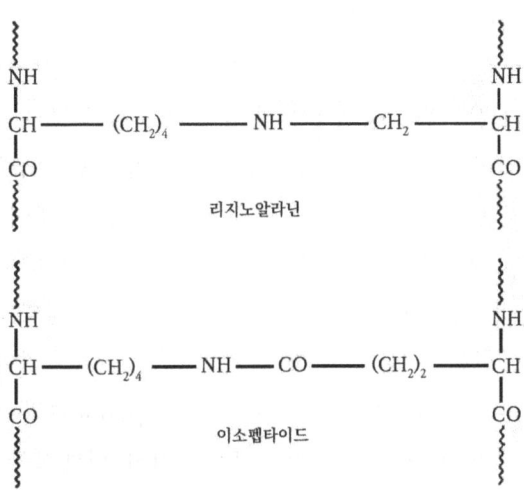

〈그림 6-3〉 리지노알라닌과 아이소펩타이드의 구조

지 화학반응이 일어날 가능성이 있고, 그것들도 또 노화와 연결될 가능성이 있다는 점이다.

그리고 그와 같은 생체 노화 반응을 탐구하려면, 단백질을 인공적으로 높은 온도에서 단시간 가열하여, 어떤 반응이 일어나는가를 조사하는 것이 지름길이다. 단백질의 가열, 즉 「조리」가 생체 노화의 모델인 것이다.

음식물의 저장, 처리, 조리가 음식물의 영양에 미치는 영향은 식품학, 식품 화학에서의 중요한 과제이므로 메일러드 반응 이외에도 많은 연구가 있다. 단백질을 높은 온도로 가열하면 소화가 쉬워지고, 미각을 돋우는 색깔과 향기가 생기지만, 영양 면에서는 곤란한 일이 생기는 것도 알고 있다. 대표적으로는 아미노산이 손상되는 일이다. 그중에서도 라이신의 손상이 심한 문제가 되고 있다. 라이신은 필수아미노산이라고 불리는 아미노산의 하나로서, 인간은 라이신을 몸속에서 만들 수가 없고 음식물로만 섭취할 수 있다. 필수아미노산은 그 밖에도 존재하지만, 라이신은 특히 동양인에게 부족하기 쉬우므로 음식물 영양소의 핵심이라 할 수 있다. 그래서 라이신을 손상하는 따위의 화학반응은 매우 활발하게 연구되고 있다. 설명이 늦었는지도 모르겠지만, 사실은 메일러드 반응에도 라이신이 관여하고 있고, 영양학적인 입장에서도 큰 관심을 끌고 있었다.

메일러드 반응 이외에 특히 문제가 되는 것은 라이시노알라닌(Lysinoalanine)과 아아이소펩타이드(Isopeptide)의 생성이다. 라이시노알라닌과 아아이소펩타이드도 역시 단백질사슬을 결합하는 크로스링크의 한 무리다. 음식물의 단백질 속의 라이신이 라이시노알라닌이나 아아이소펩타이드로 형태를 바꾸면, 이미 라이신으로서의 영양적 가치가 없어져 버린다. 따라서 이와 같은 크로스링크의 생성은 식품학의 입장에서는 심각한 문제가 된다.

생체 노화를 탐구하는 입장에서 말하면 라이시노알라닌이나 아아이소펩타이드도 역시 생체 속에서 서서히 생성되어 간다고 생각해도 조금도 이상하지 않다.

산화반응과 생체노화

생체 속에서 일어나는 부적합한 화학반응은 이 밖에도 다양하다. 노화와 관련하여 특히 주목되고 있는 것은 산화반응(酸化反應)이다. 산화를 방지하는 물질—항산화제를 동물에 투여하면 장수하는 것을 자주 볼 수 있기 때문이다. 예컨대 쥐에 어떤 항산화제를 사료와 함께 계속하여 투여하였더니 수명이

30~40%나 연장되었다는 보고가 있다. 천연 항산화제로 널리 알려진 것은 비타민 E가 있다. 생명의 기본단위는 세포이다. 모든 세포는 막으로 감싸여 외계로부터 구별되어 있다. 세포의 내부도 막에 의하여 많은 작은 방으로 구분되어 있다. 막을 형성하고 있는 주된 것은 단백질과 지방질이다. 세포가 살아가는 데 필요한 물질은 막을 가로질러서 필요로 하는 장소에 다다른다. 산소도 또 막을 가로질러서 운반된다. 산소가 통과할 때 막의 지방질의 산화가 일어나는 것을 생각할 수 있다. 지방질에 산화가 일어나면 막의 성질이 변하고 세포의 기능에 큰 영향이 나타난다. 비타민 E는 막의 산화를 방지하는 작용이 있다고 한다.

몸속에서는 보통의 산소보다 작용이 훨씬 강한 산소(활성산소라고 불리는)가 발생한다. 예컨대 세균이 체내로 침입한 경우, 백혈구는 그 세균을 죽이기 위해 활성산소를 만든다. 「살균자」 활성산소는 양날의 검으로 세균을 죽이지만, 몸에 대해서도 해롭다. 몸속에는 활성산소를 소멸하는 장치가 있어서 방어하고는 있지만, 방어망을 뚫고 해를 끼칠 가능성 역시 있다. 지방질뿐만 아니라 각종 단백질도 활성산소에 해를 당하게 될 것이다. 실제로 활성산소에 의해 콜라겐의 분자 사이에 크로스링크가 형성되는 것이 알려져 있다.

아미노산의 입체구조 변화

긴 세월 동안 단백질 속에서 조금씩 일어나는 반응은 이 밖에도 많다. 하나는 단백질 속의 아미노산 입체구조 변화이다. 아미노산의 구조식을 보통은 평면적으로 써버리고 말지만, 이것

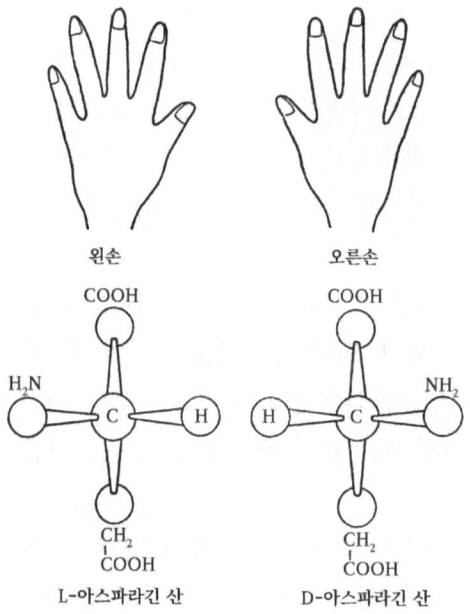

〈그림 6-4〉 아미노산의 L형과 D형의 한 예

은 어디까지나 편의 때문이며 사실은 입체적인 구조를 형성하고 있다. 아미노산 속의 아미노기($-NH_2$)와 카복실기($-COOH$)가 결합해 있는 탄소 원자 주위의 입체구조에는 두 가지 가능성이 있다. 마치 오른손과 왼손 같은 것이다. 구성 소재는 같으나 오른손과 왼손은 하나로 겹칠 수가 없다. 입체구조가 다르기 때문이다. 아미노산의 두 입체구조는 어떤 규칙에 따라 L형과 D형으로 부르고 있다. 그리고 매우 중요한 일은 생물의 몸속의 단백질을 만들고 있는 아미노산은 모두 L형이다. 이것은 아마 지구 위의 생물이 모두 같은 기원으로부터 생긴 것이기 때문일 것이다. 그런데 단백질 속의 몇몇 아미노산에 대해서는 오랜 세

6. 노화를 초래하는 화학반응

노화한 단백질에서 D형의 아미노산이 발견된다

월이 지나면, L형의 것이 조금씩 D형의 것으로 바뀌는 것이 발견되었다.

오랜 옛날 생물의 사체가 바위 속에 파묻혀 긴 세월이 지나면 화석이 만들어진다. 화석 속에는 유기물질은 거의 없어져 버렸지만, 소량의 아미노산이 남아 있는 일이 있다.

화석 속의 아미노산을 조사해 보면 D형의 것이 많이 발견된다. 더구나 그 양은 오래된 화석일수록 많다는 것을 알고 있다. 아스파라진산(Asparaginic Acid)이라는 아미노산은 아미노산 중에서 가장 입체적인 변환을 일으킨다. 그리고 살아 있는 몸속에서도 나이를 먹은 사람의 이의 콜라겐이니 눈 수정체의 단백질 속에 D형의 아스파라긴산이 발견된다고 한다. 이와 같은 변화도 단백질의 전체적인 입체구조에 영향을 주기 때문에 그 기능을 손상할 가능성을 충분히 생각할 수 있다.

자기 면역병의 원인

크로스링크의 형성이나 다른 화학반응이 단백질 등에 일어났을 경우에 생기는 또 하나의 문제는 「항원성(抗原性)」이다. 동물이나 사람의 몸에는 자기와 친숙하지 못한 물질, 즉 이물이 침입하면 그것을 무해화(無害化)하거나 제거하기 위한 방위수단이 갖추어져 있다. 이것이 면역(免疫)이라 불리는 현상이다. 그 메커니즘은 이 물에만 특이적으로 결합하는 단백질-항체(抗體)라고 불리는 단백질을 만들거나, 그 이물에 특이적으로 작용하는 세포를 만들어 이물을 제거해 버리는 데 있다. 동물 또는 인간의 개체에서는 이물이고, 이와 같은 면역반응을 일으키는 것을 항원(抗原)이라고 한다. 항원은 세균, 바이러스와 같은 통째 그대로의 생물에서부터 단백질과 같은 분자까지 다양하지만, 너무 작은 분자는 항원으로는 되지 않는다.

면역 반응을 일으키기 위해서는 「자신」과 「이물」을 구별할 필요가 있다. 자신의 단백질이나 DNA에 대한 항체를 만들어 버리면 큰일이기 때문이다. 「이것은 자신의 것」이라고 기억하는 구조가 있고 그 기억은 갓난아기 때, 즉 면역계가 완전히 발달하기 전에 이루어진다. 만약에 갓난아기 때에 이물을 주사하면 성인이 된 후에는 그 이물에 대한 항체를 만들 수가 없다. 아기 때에 만난 것은 자신의 것이라고 기억해 버리는 것이다.

그런데 노화와 면역의 관계는 중대한 문제이다. 노인이 되면 폐렴 등에 감염되기 쉽다. 이것은 분명히 몸의 면역계 기능이 떨어져 가는 것을 가리키고 있다. 노화와 더불어 나타나는 또 하나의 곤란한 현상은 자기면역병(自己免疫病)으로, 이물과 자신의 구별이 잘 안 되고, 자신에 대한 항체를 만들어 버리는 것에 의하여 일어난다. 항체가 자기 자신을 공격해 버리기 때문에 처치가 곤란하다. 만성 관절 류머티즘, 전신성 홍반성 낭창 (全身性紅斑性狼瘡: Systemic Lupus Erythematosus) 등이 그 대표적이다. 그러나 왜 「자신」과 「이물」의 구별이 어려워지는지 그 원인은 잘 알려지지 않았다.

　이쯤에서 나는 자기면역병의 원인으로서 다음과 같은 가능성을 제안하고 싶다. 본래 자신의 것이었던 단백질(또는 DNA나 RNA)에 크로스링크의 생성, 그 밖의 노화 화학반응이 일어나 그 모습이 바뀌면 자신의 것이라고는 생각되지 않고, 이물이라고 생각하여 항체를 만들어 버리는 것이 아닐까? 이와 같은 노화 반응을 받아서 모습을 바꾼 형태의 것은 갓난아기 때에는 존재하지 않았기 때문이다. 노화 반응을 받은 단백질이 조직 속에서 얌전하게 가만히 있는 한, 생체의 면역계는 알아차리지 못하고, 그것에 대한 항체가 만들어지지 않을 것이다. 그러나 염증 등이 일어나서 그 조직이 파괴되고, 단백질이 적당한 크기의 단편으로 잘려져 나오면 생체는 이물이라고 생각하여, 그것에 대한 항체를 자꾸 만들어 버린다. 항체는 자기 자신의 구조물을 공격하게 된다. 항체는 간혹 구조가 비슷한 물질을 공격하는 경우가 있어 노화 반응이 일어나지 않은 본래의 것을 공격할 가능성이 없지 않다. 자기면역병의 발생에 노화 화학반응이 이와 같은 역할을 하는 것이 아닐까 하고 조심스레 생각해본다.

7. 뇌와 눈의 노화

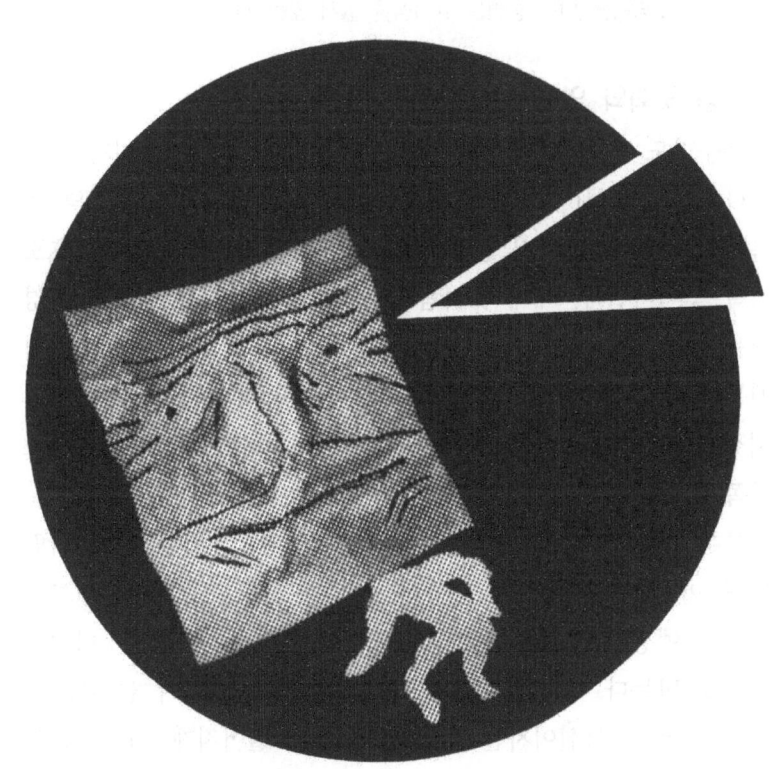

노망증을 막는 방법은 호기심을 잃지 않는 것이라고 한다

양성 노화와 악성 노화

누구라도 나이를 먹으면 기억력이 나빠지고 잊어버리기 쉬워진다. 친구 이름(심할 때는 가족 이름조차도)이나 흔한 물건의 이름이 갑자기 생각나지 않는다. 잘 알고 있을 터인 전화번호도 깜박 잊어버린다. 대개의 사람은 40세를 넘기면서부터 이런 경험을 한다. 잊었다고 해도 조금 후에는 다시 생각나거나 하기 때문에 완전히 기억이 없어져 버린 것은 아니다. 기억이 희미해졌거나 기억을 되찾는 메커니즘이 이상하게 되었거나 어느 한쪽일 것이다.

물론 새로운 일을 기억하는 것도 어렵다. 중년을 지난 사람에게 어떤 약속을 하려면 먼저 수첩에 적힌 예정을 살펴보고 새로운 예정을 수첩에 적어넣는다. 지위가 높은 사람은 비서의 도움을 받는다. 나이가 들고 지위가 높아지면 일이 늘어나 바빠지는 것이 사실이지만 기억력도 함께 떨어지게 된다. 젊은 사람은 데이트 약속을 수첩 따위에 쓰지는 않는다. 내가 대학원생이던 시절, 어느 선배는 10여명이나 되는 여자친구의 전화번호를 모조리 외우고 있어 자유자재로 전화를 걸고 있었다. 마치 퍼스컴 인간이다. 지금 이분은 모 대학의 교수로 계신다. 그의 기억력은 어떻게 되었을까?

나이가 들어도 기력이 정정하게 사회에서 활약하고 있는 사람이 많다. 자질구레한 일에 대한 기억력은 떨어져도, 건전한 상식, 풍부한 경험으로부터 대국적인 판단을 내릴 수가 있기 때문이다.

말하자면 「양성」의 노화 현상과 달리 「악성」인 노화 현상이 있다. 이른바 노인성 치매, 노망증 노인이다. 노망증이 든 노인은 방향이나 장소 감각을 상실한다. 외출을 하면 길을 잃어 집으로 돌아가지 못하게 되고, 집에 있으면 화장실과 주방을 구별하지 못하기도 한다. 시간이나 계절의 감각도 감퇴되어 밤과 낮의 구별이 안 되고, 계절에 맞추어 옷을 갈아입지도 못하게 된다. 일상생활이나 사회생활에 큰 장애가 일어나는 것이다. 희로애락의 감정 역시 마찬가지다. 하기는 양성의 노화, 즉 정상적인 노인은 대체로 화를 내기 쉬워지므로 이것도 좀 곤란하기는 하다.

노인성 치매의 원인은 당연히 뇌의 노화에 있는 것으로 생각된다. 우선 인간의 뇌에 대해서 약간 설명하기로 한다.

뇌세포

인간은 뇌가 고도로 발달한 동물이다. 자연계에서 인간이 다른 동물과 구별되는 특별한 존재인 것은 뇌가 발달한 때문이다.

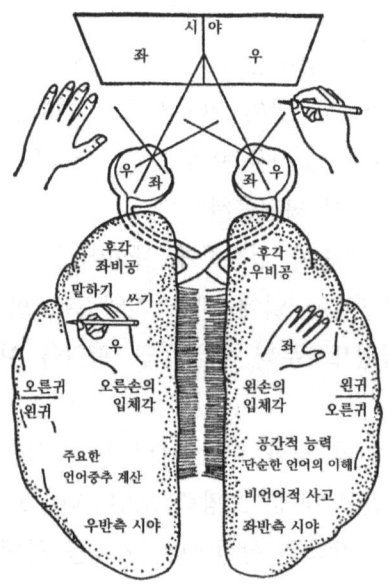

〈그림 7-1〉 분리 뇌 연구에 의해 작성된 좌우 뇌의 능력
(스페리에 의함. 「의학계 신문」 1593호)

　성인인 남성의 뇌는 용적이 약 1,400㎖이고, 무게는 약 1,400g이다. 여성의 뇌는 남성의 뇌보다 약간 가볍고 작다. 뇌는 크게 세 부분으로 나누어서 생각할 수 있다. 가장 안쪽 부분은 뇌간(腦幹)이며, 여기서 뇌는 전신의 신경과 척수를 통해서 연결된다. 그 위층은 시상하부(視床下部), 시상, 해마(海馬), 하수체(下垂體) 등으로 불리는 부분으로, 이것들은 서로 신경의 그물코에 의해 연결되어 있다. 이 영역에서 몸속의 몇 개의 호르몬을 조절하고 있으며, 감정이나 기분과 관계가 깊다.
　맨 바깥층이 대뇌피질(大腦皮質)로 많은 주름이 있는 구조를 지니고 있다. 인간은 특히 이 대뇌피질이 발달한 동물이다. 사고, 기억, 언어, 의식, 계산 등은 모두 이 대뇌피질이 관장하고 있다. 대뇌피질은 좌우의 두 개의 반구(半球)로써 이루어져 있다. 대뇌피질의 각 부분의 기능이 차츰 밝혀지고 있다(〈그림 7-1〉 참조).

뇌는 두 종류의 세포, 즉 신경세포와 글리아세포(Glia Cell, 神經膠細胞)로써 이루어져 있다. 신경세포는 글리아세포보다 수적으로는 훨씬 적으나 기능상으로는 가장 중요하다.

신경세포의 기능은 한마디로 말하면 흥분의 전달이다. 신경세포는 보통 세포와는 매우 다른 형태를 하고 있다. 즉 세포의 본체에 더하여 흥분을 받기 위한 몇 개의 수상돌기(樹狀突起)와 다른 곳으로 흥분을 전달하기 위한 한 개의 긴 돌기[축색(軸索)]를 지니고 있다. 축색은 흔히 꼬투리(Sheath)를 덮어쓰고 있고, 이 꼬투리는 수초(髓鞘, Myelin)라고 불리고 있다. 신경세포끼리의 흥분 전달은 어떤 세포의 축색으로부터 인접한 세포의 수상돌기로 건네게 된다. 그것에는 어떤 종류의 화학물질이 참가한다. 뇌는 그 신경세포가 기능적으로 연결된 네트워크이다.

글리아세포는 신경세포에 영양을 주어 생존을 돕는다. 신경세포는 너무도 고도의 특수한 능력을 갖추게 된 한편에서는 단독으로는 살아갈 수 없는 이지러진 세포로 되어 버렸다. 신경세포는 방대한 에너지를 소비하므로 글리아세포가 부지런히 에너지를 공급하고 있다.

갓 태어난 아기의 뇌는 성인 뇌의 4분의 1 정도밖에 안 되지만, 성인과 거의 다름없는 수의 세포가 이미 있다고 한다. 뇌의 크기도 6세 정도에서 이미 성인과 같은 정도가 된다.

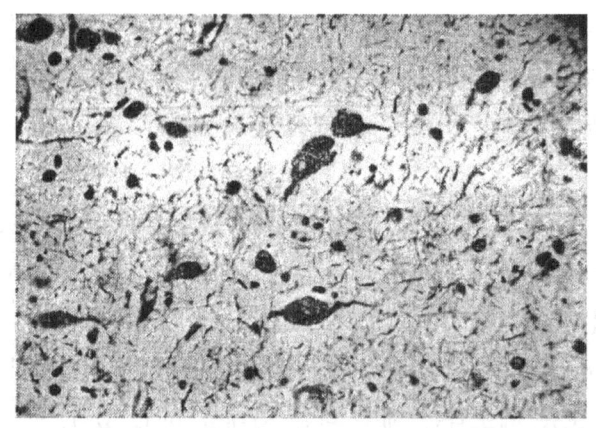

〈그림 7-2〉 노인성 치매의 뇌에 볼 수 있는 알츠하이머 원섬유 변화. 굵은 섬유가 꼬여진 검은 뭉치가 알츠하이머 원섬유 변화이다. 주위의 가느다란 섬유는 정상 신경섬유이다(하마마쓰 의대 미야모토 박사 제공)

뇌세포의 죽음

뇌의 노화에서 늘 화제가 되는 것은 노화에 수반하여 일어나는 뇌세포의 죽음이다. 흔히 인간의 뇌에서는, 성인이 되면 매일 10만 개의 세포가 죽어간다고 한다. 뇌세포는 성인이 되고서부터 증식하는 일이 없기 때문에 전체의 세포 수는 자꾸 줄어가게 된다. 하루에 10만 개씩 죽는다고 하면, 70년간에는 약 25억 개의 세포가 죽는 셈이 되는데, 그렇게 되면 뇌의 전체 세포 수의 약 4분의 1이 사멸하는 계산이 된다. 이 이야기를 믿는다면, 나이를 먹으면 머리가 둔해지는 것은 당연하다.

실제로 뇌의 무게도 노인이 되면 감소한다. 일반적으로 노인의 뇌는 젊은 성인의 뇌보다 100g 정도가 가볍다고 하므로 약 7%가 감소하고 있는 것이 된다.

그러나 한편에서는 노화에 수반하는 뇌세포의 죽음은 과학적 근거가 없다는 의견도 있다. 최근에 뉴욕타임즈지가 「노인과 뇌의 기능」이라는 특집 기사를 엮어서 최신 학설을 소개한 것을 일본의 신문이 보도하였다. 그것에 따르면, 노인이 되면 뇌세포가 죽어간다는 설은 완전히 잘못된 것이라고 한다. 어느 신경생리학자의 연구에 의하면, 뇌세포의 감소는 오히려 젊을 때 일어나고 그 후는 그다지 감소하지 않는다고 한다. 또 21~83세까지의 남성의 뇌를 단층촬영(斷層攝影)으로 조사한바, 노인의 뇌가 젊은 사람의 뇌와 거의 같은 정도로 활동적이었다는 이야기이다.

따라서 세포만 보면 노인의 뇌는 노화하지 않으며, 노인성 치매는 세포의 감소보다도 고독이나 질병이 원인이라는 결론이 나왔다. 즉 은거하여 사회로부터 멀어지면 치매 현상이 일어난다는 것이다. 사회에 참여하고 있다면 치매증은 없다. 머리를 활동시키고 지적 흥미를 잃지 않는 사람일수록 노망증이 없다고 한다. 「노망기 방지에 블루백스를 읽자」고 할 것이다.

나는 이 설에 대하여 비평할 능력이 없으며, 노망증이 이것으로 해결되는 것인지 어떤지도 알 수 없다. 그러나 한편에서는 노인성 치매인 사람의 뇌세포에 병리학적인 이상이 발견되는 것은 확실한 것 같다. 다음장에서는 그 이야기를 소개하기로 한다.

알츠하이머의 원섬유 변화

노인성 치매(노망증)의 뇌를 조사해 보면, 뇌의 주역 세포인 신경세포에 비정상적인 섬유가 서리를 틀고 있는 것을 볼 수 있다. 정상적인 인간의 뇌세포에도 섬유는 몇 종류가 존재하는데, 그것과는 전혀 다른 훨씬 굵은 섬유가 서로 비틀려 얽혀져 있는 것이다. 이 현상을 독일의 정신과 의사이며 병리학자인 알츠하이머(A. Alzheimer)의 이름을 따서 알츠하이머의 원섬유(原纖維) 변화라고 부른다.

이 이상섬유는 정상적인 노인의 뇌에서도 발견되지만 수가 훨씬 적고, 나이가 많아짐에 따라 수가 늘어난다. 아무래도 어느 수치를 넘어가면 치매 증상이 나타나는 것 같다. 증상이 무거운 사람일수록 많이 발견되는 것이다.

이 이상섬유의 정체에 대해서는 여러 가지 연구가 있다. 그러나 이 섬유를 순수한 형태로 추출할 수 있게 된 것은 매우 최근의 일이다. 미국의 어느 학자에 의하면 그것은 단백질로서 매우 녹지 않는 성질이 강하고, 사슬을 파괴하지 않는 한, 어떤 방법으로도 녹일 수가 없다고 한다. 이것은 이상섬유를 형성하는 단백질사슬이 크로스링크로 움쩍달싹 못하게 얽매인 상태로 되어 있다는 것을 가리키고 있다. 크로스링크의 정체에 대해서는 아직 모르지만, 그 미국 학자는 아아이소펩타이드 결합의 존재를 가정한 설을 발표하였다. 그러나 히스티디노알라닌이나 메일러드 반응이 관여하고 있을 가능성도 있다.

고령자가 걸리기 쉬운 질병의 하나로 「파킨슨(Parkinson)병」이라는 질병이 있다. 이 병은 이른바 난치병의 하나로, 인구 1,000명 중 한 사람에게서 발병한다. 일본에는 10만 명의 환자가 있고 50~60세에 가장 많다. 파킨슨병에 걸리면 근육이 굳고 동작이 느려진다. 또 정지하면 몸이 떨리게 된다. 정도의 차이야 있겠지만 정상적인 사람도 나이를 먹으면 파킨슨병과 같은 증상을 경험한다. 몸의 동작이 둔하고 딱딱해지며 떤다. 노화와 파킨슨병에 공통의 원인이 있는 것이 아니겠는가고 생각되고 있다.

앞에서 단백질 속의 아미노산의 아스파라긴산 입체구조가 오랜 세월 동안에 변화하는 이야기를 한 바 있다. D형의 아스파라긴산이 나타나는 것이다. 그 D형 아스파라긴산이 나이를 먹은 사람의 뇌의 단백질에서 발견되었다는 보고가 있다. 뇌 속에서도 축색을 감싸는 막인 수초(미엘린) 속에 있는 단백질에서 발견되었다고 한다. 역시 나이가 많아질수록 많다고 한다. D형 아스파라긴산이 뇌의 기능에 어떤 영향을 미치는가에 대해서는 아직도 모르지만, 파킨슨병과의 관계나 신경전달의 노화에 수반하는 장애와의 관계가 논의되고 있다.

눈의 노화와 백내장

이번에는 눈의 노화에 관한 이야기다. 눈의 노인성 질환으로서 중요한 것은 백내장(白內障)이다. 눈의 구조를 사진기에 비유하면 렌즈에 해당하는 것이 수정체로서, 수정체에 의하여 빛을 구부려서 필름에 해당하는 망막 위에 초점을 맞추는 구조로 되어 있다. 인간의 수정체는 두께 약 4mm, 지름 약 9mm로서 정상적인 사람에서는 투명하고 약간 황색을 띠고 있다. 이 투명해야 하는 수정체에 혼탁이 생기는 병이 백내장이다. 백내장은 선천적인 것과 외상에 의한 것도 있지만 노인성인 것이 전체의 90%를 차지한다고 알려져 있다.

백내장일 때에 수정체에 생기는 혼탁은 그 원인으로 생각되는 것이 단백질의 크로스링크에 의한 결합이다. 크로스링크에

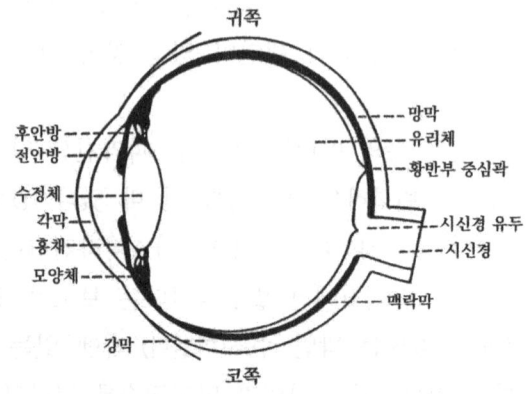

〈그림 7-3〉 안구의 단면(닛타 「안과학 개정」 2판)

대해서는 메일러드 반응에 의한 것으로 보는 시각도 있고, 아이소펩타이드 결합이라고 보는 시각도 있다. 하기는 다른 크로스링크를 생각하고 있는 사람도 있다. 다른 조직과는 달리 눈에는 빛이 닿는다. 빛은 여러 가지 화학반응을 일으킬 수 있다.

아마도 많은 종류의 복잡한 크로스링크가 형성되고 있는 것으로 생각된다. 눈의 단백질 속에서도 D형 아스파라긴산의 출현을 볼 수 있다는 보고도 있다.

이처럼 노화 화학반응, 그중에서도 크로스링크의 형성은 결합조직, 뇌, 눈 등 각종 기관의 노화와 깊은 관계를 가지고 있는 듯이 생각된다. 적어도 노화의 정도를 나타내는 지표가 되어주는 것이다. 위의 만화를 보기 바란다.

8. 노화를 방지하는 방법

「불로불사」의 약

만약에 수명이 무한정 연장되는 약이 생겼다면, 당신은 망설이지 않고 복용할까? 아마 대답은 「노(No)」일 것이다. 수명만 길어지고 노인인 채로 오래오래 산다는 것은 참을 수 없는 일이다.

그러면 젊음을 유지한 채로 영원히 살 수 있는—즉 「불로불사」의 약이 있다고 한다면 어떨까? 주저하지 않고 복용할까? 역시 「예스(Yes)」하고 간단히 대답할 수는 없을 것 같다. 모든 사람이 이 약을 먹고 그 누구도 죽지 않게 되면 지구 위 인간의 수는 자꾸만 늘기만 할 것이다. 온 세계는 사람투성이가 되고, 식량 위기와 자원의 부족 문제에 부닥치게 된다. 여기저기서 전쟁이 일어날 것이다. 아이를 이 이상 더 생산하지 않으면 인구가 늘지 않기 때문에, 지금 사는 자기들만은 더 삶을 연장할 수 있다는 의견이 있을지도 모른다. 그러나 아이들이 없는 어른만의 인간사회 따위는 조금도 즐겁지가 않다. 일반 대중에게는 먹이지 않고, 자기만 또는 특정한 사람들만이 먹어야 한다고 생각하는 사람도 나타날 것이다. 권력을 가진 사람, 큰 부자들 등이 그 약을 손에 넣게 되겠지만, 그런 사회는 상상하기만 해도 지겹다. 불로불사의 방법의 종착점은 완전히 이기주의적인 사회가 될 것만 같다.

그렇다면 수명의 길이는 바뀌지 않더라도 젊은 시절—20대의 젊음을 지닌 채로 일생을 마칠 수 있는 약이 생긴다면 어떻게 될까? 모두가 그 약에 달려들 것이다. 20세가 아니더라도 40세 정도, 아니 적어도 50세 정도의 젊음을 유지할 수 있다면 충분할지 모른다.

우리가 희망하는 것은 노화를 방지하고 젊음을 유지하는 방법이지, 쓸데없이 수명을 연장하고자 하는 것은 아니다. 수명은 수명으로 하고, 그 수명 동안은 젊음을 유지하여 건강한 생활을 보내는 것이 가장 중요한 일인 듯이 생각된다.

 그렇다면 노화를 방지하고, 노인병에 걸리지 않고서 건강한 나날을 보내려면 어떻게 하면 좋을까?

 꽤 오래전의 일이므로 기억이 확실치 않으나 「당신은 담배를 끊을 수 있다」라는 책이 화제가 된 적이 있었다. 만약에 그 책을 읽고도 담배를 끊지 못하는 사람이 있다면, 책값을 되돌려 주겠다는 것이었다. 내가 노화를 막을 수 있는 좋은 방법을 알고 있고, 이 책을 읽으면 노화가 방지된다고 한다면, 이 책도 많이 팔릴 것이 틀림없을 것이다. 하지만 그런 일은 일어나지 않을 것이다.

콜라겐섬유 증가의 악순환

 내 나름대로 노화를 막는 방법을 모색해보기로 한다. 인간이 나이를 먹으면 피부는 주름살투성이가 되고, 관절은 굳어지며 뼈가 부서지기 쉬워지는 등 어느 것도 달갑지 않은 일뿐이지만, 그보다도 더 싫은 것은 병에 걸리기 쉽다는 점이다. 나이가 들면 걸리기 쉬운 병이 많다. 예컨대 고혈압, 동맥경화, 변형성 관절염, 류머티즘, 요통 등이다.

 피부, 관절, 뼈, 혈관 벽 등은 결합조직이라고 불리는 조직으로써 구성되는 기관으로, 인간의 노화가 두드러지게 일어난다. 결합조직은 또 노인성의 많은 질병이 나타나는 곳이기도 하다. 매우 많은 노인이 심장도, 간장도, 신장도 튼튼한데 결합조직의

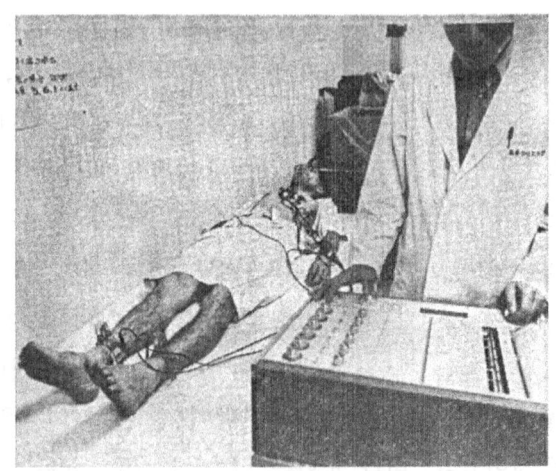

〈사진 8-1〉 주로 결합조직에 의해서 만들어진 기관의 질병 때문에 일본의 의료비의 10%가 사용된다

질병 때문에 고통스러운 나날을 보낸다. 주로 결합조직에 의하여 만들어진 기관의 질병에 대응하기 위해 일본의 의료비의 총액 중 약 10%가 지급되고 있다고 서두에서 말했지만, 고령화 사회를 맞이하며 문제는 점점 더 심각해질 것이다.

결합조직은 피부나 뼈와 같이 기관 그 자체인 경우도 있으나, 간장이나 심장과 같은 기관에도 존재하고 있다. 이와 같은 기관에서는 세포가 활동의 주역인 셈인데, 결합조직이 세포 주위를 둘러싸고 있다. 세포는 생존하기 위해 필요한 영양분을 혈액으로부터 받지만, 몸의 대부분의 세포는 혈액과 직접적으로 접해 있는 것은 아니다. 혈관으로부터 멀리 떨어져 있으므로 영양분은 결합조직을 뚫고 나가서 세포에 다다른다. 세포가 필요하지 않게 된 노폐물을 버릴 때 또는 외부로부터 정보 전달물질이 세포에 보내져 올 때 역시 마찬가지이다. 결합조직이 나이와 더불어 딱딱해지면, 영양분도 노폐물도 정보 전달물질도 통과가 어려워진다. 이것은 심장이나 간장의 중요한 세포의 기능에 나쁜 영향을 줄 것이 틀림없다. 또 결합조직이 딱딱해지는 것은 심장이나 허파 등의 활동을 방해할 것이다.

이와 같은 기관에서는 상처가 생기거나 또는 다른 원인으로 세포가 죽으면 결합조직이 그것을 보충하도록 합성된다. 결합조직 특히 그 주성분인 콜라겐 섬유가 지나치게 증가하는 것 역시 기관의 경화(硬化)에 박차를 가한다. 영양분, 노폐물, 정보 전달물질의 운반이 더욱 방해되고, 그 결과로 세포의 활동은 더욱더 약화하여 죽는 세포가 늘어난다. 그렇게 되면 그것을 보충하려고 다시 콜라겐이 합성되어 축적된다. 이처럼 악순환이 일어나서 기관의 노화가 촉진된다.

나쁜 크로스링크의 정체를 파헤친다

인간의 몸의 기본단위인 세포에 수명이 있다는 것은 앞에서도 설명했다. 이 이야기는 즉, 세포의 집합체인 인간도 최종적으로는 세포의 수명으로부터 벗어나지 못한다는 의미이다. 세포의 수명이 프로그램설과 같이 유전자 속에 짜 넣어진 정보에 의하여 결정되는 것이라면 더욱더 그러하다. 결합조직은 세포의 바깥에 축적된 조직이며, 아마 배양한 세포에서 관찰된 세포의 수명과는 관계가 없다. 따라서 인간의 한계적인 수명을 결정하는 요인은 아닐 것 같다. 그러나 현실적으로는 인간의 노화 현상이나 질병과 매우 깊이 관련되어 있다. 결합조직의 경화를 방지할 수 있다면, 또 그 축적을 제어하는 방법이 있다면, 인간은 정해진 수명대로—즉 심장도 간장도 신장도 모두 수명이 다할 때까지 건강하게 살며, 죽음에 대한 공포와 삶에 대한 미련 없이 눈을 감을 수 있을지도 모른다.

결합조직의 나이에 따르는 변화의 열쇠는 단백질사슬끼리 결합하는 가교, 크로스링크이다. 결합조직의 단백질, 그중에서도 중심적인 성분인 콜라겐에는 크로스링크가 있고, 그것은 나이와 더불어 변화한다. 젊을 때는 몸에 중요한 크로스링크가 형성되지만, 아무래도 나이가 들면 해로운 크로스링크가 형성된다. 이것이 노화에 수반하여 결합조직이 경화되는 원흉이다. 노화 크로스링크는 콜라겐 등 결합조직의 단백질에 국한된 것이 아니라, 뇌나 눈의 렌즈의 단백질의 노화와도 관계가 있다.

따라서 노화와 더불어 형성되는 나쁜 크로스링크의 정체와 메커니즘을 밝히는 것이 중요하다. 그것을 알아야만 그 생성을 방지하는 방법을 알아낼 수 있다. 예컨대 그것이 산화 반응에 의하여 생기는 것이라면 산화를 방지하는 약(항산화제)을 투여하면 방지할 수가 있을는지도 모른다.

물론 노화 크로스링크를 방지할 수 있는 약이 발견되었다고 하더라도 부작용 등을 충분히 점검해야 할 것이다. 병을 고치는 약이라면 일시적으로 투여할 뿐이지만, 노화를 방지한다면 아마 나날이 수십 년간이나 복용을 계속하지 않으면 안 될 것이다. 그러므로 매우 신중해야 한다. 살결과 혈관이 싱싱하고 젊은 채로 일생을 마칠 날이 진정 올 것인가?

한편 심장이나 간장 등 실질 기관의 노화에 대해서는 콜라겐 섬유의 축적을 적절히 제어하는 방법을 생각할 필요가 있다. 세포의 콜라겐 합성을 조절하는 인자의 연구가 현재 활발하게 진행되고 있는데, 이와 같은 연구로부터 길이 트이게 될지도

8. 노화를 방지하는 방법 139

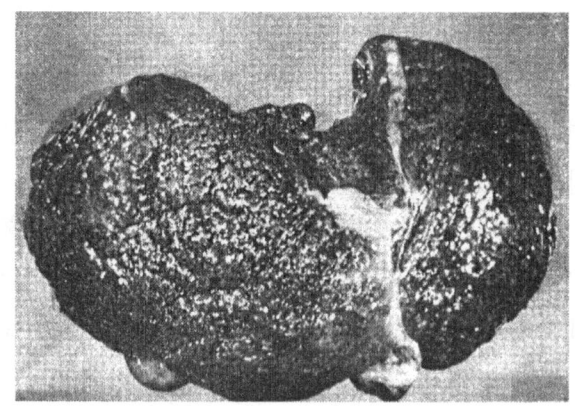

〈사진 8-2〉 간 경변을 일으킨 간장의 적출 표본. 상당히 진행된 전형적인 것으로 생각된다

모른다. 또 콜라겐이 합성되어도 성숙시키지 않으면, 즉 미숙 크로스링크인 채로 머물러 있게 해 두면, 대사적으로 불안정하여 금방 소실되어 버려 축적되어 가지는 않을 것이 아닌가 하는 생각도 있다. 즉 시프염기형 크로스링크로부터 피리디놀린과 같은 안정된 크로스링크로 변화하는 과정을 정지시키면 된다는 생각이다. 이 과정은 산화 반응이므로 적당한 항(抗)산화제가 효과를 발휘할 수 있다. 이미 노화된 조직을 원상으로 되돌리는 것은 노화를 방지하는 것보다도 더 어려운 일이다. 그러나 노화 크로스링크만을 잘 절단해 줄 만한 약이나 효소가 발견될지도 모르며, 지나치게 늘어난 콜라겐을 잘 감소시키는 방법이 발견될지도 모른다. 이런 방법이 생겨서 늙은 사람들이 젊음을 되찾았을 경우를 상상하면 정말로 즐겁다.

이것이 내가 생각하고 있는 노화 방지의 전략이자 꿈이다.

차분한 기초연구야말로 필요

그러나 꾸물거리고 있다가는 나 자신은 노화하고 만다.

암 연구자는 암으로 죽는다는 말이 있다. 실제로 그런 사람이 몇이나 있었다. 더구나 심장 전문의는 심장병으로, 간장 전문의는 간장병으로 사망한다는 이야기도 있다. 어느 훌륭한 병리학자(남성)는 「나는 앞으로는 여성 성기(性器)의 병리학을 전문으로 하려고 생각해요. 이건 내가 병에 걸릴 걱정이 없지」라고 농담을 하기도 했다. 노화의 연구에 열중하면 빨리 나이를 먹게 되는 것이 아니겠냐고 걱정이다.

단백질의 크로스링크 지식이 노화와는 직접적인 관계가 없는 식품 화학의 분야에서 지적되고 있는 것은 매우 흥미롭다. 이것은 연구라는 것이 뜻밖의 곳으로 비화하거나 결부되어 발전해 가는 아주 사소한 예이다. 자연과학의 연구는 저변을 넓게 차분하게 진행해 가야만 한다. 얼핏 보기에는 쓸데없는 일이라고 생각되는 연구가 언젠가는 매우 실용적인 연구와 결부될 가능성이 있다. 눈앞의 실용성에만 구애되지 않는 백년지대계가 필요하다.

요즈음은 세상이 요구하는 것이라고 하여 목적 지향적인 연구가 판을 치고 있다. 어느 나라의 수상이 「암을 제압하자」하고 착상을 말하면 암 연구에 많은 연구비가 투입되는 식이다. 매스컴에는 생명과학(Life Science)이니 생물공학(Biotechnology)이라는 말들이 범람한다. 일본 돈으로 5조 엔 산업이니 하는 경기 좋은 소리를 듣게 된다. 라이프 사이언스란 인간 생활을 위한 생물과학이라는 명분이었지만, 이래서야 「라이프」사이언스가 아니라 「돈주머니」 사이언스다. 한편에서는 돈벌이와는

8. 노화를 방지하는 방법   141

노화를 막는 방법은 발견될까?

관계없이 실용적이 못 되는 과학 분야에서는 연구비도 젊은이도 모여들지 않는다.

차분하게 넓게 기초적인 연구를 추진하는 일, 그리고 그것을 위해서는 얼핏 보기에 아무 소용도 없듯이 보이는 연구에도 인재와 연구비를 과감하게 투입하는 것이, 사실은 노화를 방지하는 방법을 찾는 지름길이라고 나는 생각한다.

책을 끝내며
―남은 문제들과 참고문헌

전해들은 이야기지만, 미국인은 강연할 때 농담으로 시작하여 농담으로 끝맺고, 일본인 강연은 사과나 변명으로 시작하여 사과나 변명으로 끝낸다고 한다. 평범한 일본인으로서 나도 사과와 변명으로 이 책을 끝맺고자 한다.

노화는 매우 복잡한 문제이다. 확립된 사실이나 정설이 거의 없고, 논쟁점만 많은 연구 분야이다. 노화의 원인이나 문제점에 대해 100명의 전문가에게 물으면, 100가지의 대답이 되돌아온다고까지 말하고 있다. 이 책에서는 우선 세포의 수명 결정의 분자적 메커니즘에 관해 설명한 후, 다음에 결합조직의 노화에 대해서도 다루었다. 말하자면 노화나 수명의 연구의 두 단면을 설명한 데 지나지 않는다. 이처럼 되어버린 가장 큰 이유는 물론 나의 지식이 좁고 역량이 부족한 탓이겠지만, 여러 관점으로부터 이것저것 많은 것을 언급하기보다는, 차분히 표적을 정하여 해설하는 편이 노화 연구의 현상을 생생하게 전달할 수 있다고 판단한 때문이기도 하다. 게다가 다방면으로부터 노화를 해설한 책이 이미 몇 권이고 출판되어 있기 때문이기도 했다. 그러나 다른 중요한 핵심을 간과하고 있거나, 자신의 연구만을 지나치게 상세히 설명하고 있거나 하여 계몽서답지 않다든가, 독단과 편견에 찼다는 꾸짖음을 면치는 못할 것이다.

전문가가 아닌 사람들의 작은 모임에서 노화의 이야기를 한 적이 있었다. 술을 마시며 그중의 몇 사람과 잡담을 나누어보니, 아무래도 「노화」에 대해서 사람들이 듣고 싶어 하는 것은 「콜라겐의 크로스링크」와 같은 이야기가 아니라, 좀 더 다른 이야기였다는 것을 알았다.

「여성은 왜 남성보다 오래 살까요?」 하고 어느 사람이 물었다.

「남성은 더 많이 술을 마시거나 담배를 피우기 때문이겠지요」 내가 대답하기 전에 어떤 사람이 발언했다.

「그래도 술이나 담배를 하지 않는 대신 많이 먹잖아요. 과식은 수명을 단축한다고 하는데 우습군요」

하고 반론했다. 그렇다. 「음식물과 노화, 수명」의 관계는 여러 모로 논의되고 있다. 세계에는 100세 이상의 노인이 많이 생존하고 있다는 이른바 「장수 마을」이 몇 군데 알려져 있다. 에콰도르와 빌카반바, 티베트의 훈자, 러시아(구소련)의 아프하자 등이다. 그러한 곳에서 주민의 식생활을 조사해 보면 칼로리의 섭취량이 적고, 동물성 단백질이나 지방질을 그다지 섭취하지 않는 것이 특징이라고 한다. 그러나 한편에서는 어느 지방의 사람들은 동물성 단백질이나 지방질을 많이 섭취하여 뚱뚱하게 살이 쪘는데도 건강하다고 한다. 나는 이 점을 논할 지식이 부족하지만, 노화와 식물에 대해서는 이미 많은 서적이 출판되어 있다.

「남자가 장수하지 못하는 것은 스트레스가 많기 때문이죠」

하고 한 중년이 말했다.

「거짓말. 여성이야말로 스트레스에 꽉 찬걸요」

하고 반론했다. 집사람과 같은 말을 하는구나 하고 나는 생각했다. 스트레스와 수명, 노화도 이 책에서 남겨진 문제의 하나이다.

「대학교수는 대개 나이보다 젊어 보이는군요」

하고 어떤 사람이 나를 보면서 말했다. 칭찬한 것이라고 생각하여 나는 싱글벙글하였다. 그러나 이야기는 곧 정신박약 환자는 굉장히 젊어 보인다는 점으로 옮겨졌다. 대학교수와 정신박약 환자의 공통점에 관해서는 집사람도 평소에 지적하는 일이다.

나는 깊은 개입은 피하면서 화제를 원점으로 돌리기 위해

「여성이 남성보다 장수하는 중요한 원인은 호르몬이겠지요」

라고 발언했다. 「노화, 수명과 호르몬」은 매우 중요한 문제지만 이 책에서는 전혀 언급하지 않았다.

그 밖에도 이 책에서 상세히 다루지 못한 문제로 「노화와 유전」, 「노화와 면역」, 「노화와 사회」 등이 있다.

주요용어 해설

이 책을 이해하는 데 있어 중요하다고 생각되는 용어와 자주 나오는 용어를 정리했다.

결합조직
몸 전체, 장기 또는 세포끼리를 결합하거나 지탱하는 조직, 간장, 심장 등 전신의 모든 기관에 존재한다. 특히 진피(眞皮), 힘줄(隨), 연골, 뼈 등은 결합조직으로서만 이루어진 기관이다.

DNA
핵산의 한 종류. 데옥시리보핵산(Deoxyribonucleic Acid)이 정식 이름이다. 유전자의 본체. 기본적으로는 세포의 핵 속에 존재한다.

DNA폴리머라아제
DNA Polymerase. DNA를 주형으로 하여 새로운 DNA사슬을 합성하는 효소. 복제과정의 주역이다.

리보솜
Ribosome. 세포 속에 있는 작은 입자. RNA와 단백질로써 이루어져 있다. 단백질을 합성하는 곳이다.

라이시노알라닌

Lysinoalanine. 크로스링크가 되는 아미노산의 하나. 〈그림 6-3〉 구조를 갖는다. 단백질을 가열하거나, 알칼리로 처리하면 발생하기 때문에 식품화학에 있어서 문제로 되어 있었다. 최근에는 단백질 속에서도 발견되었다.

라이신

Lysine. 아미노산의 하나. 다음과 같은 구조이다.

$$HOOC-CH-CH_2-CH_2-CH_2-NH_2$$
$$|$$
$$NH_2$$

다른 아미노산과는 달리 곁사슬 속에 또 하나의 아미노기가 있다. 따라서 펩타이드결합을 형성해도 이 곁사슬의 아미노기는 사용되지 않고 단백질의 사슬 속에 남아있다. 이 아미노기가 여러 가지 반응에 참가한다.

메일러드 반응

식품의 제조, 저장, 조리 중에 단백질이나 아미노산의 아미노기가 당의 알데히드기(또는 유사한 기)와의 사이에 일으키는 반응. 생체 속에서도 비슷한 반응이 일어나고 있다는 것이 최근에 알려져 있다.

분자생물학의 센트럴도그마

Central Dogma. 생물에 있어서의 유전정보의 흐름의 기본 원리를 말한다. 즉 유전정보는 DNA로부터 RNA로, RNA로부터 단백질로 전달된다.

시프염기
Schiff Basic. 아민과 알데히드가 다음과 같이 축합(縮合)반응해서 생기는 화합물.

아미노기
Amino Group. $-NH_2$라는 염기성 원자단. 아미노기를 가진 화합물을 아민(Amine)이라고 부른다.

아미노산
Amino Acid. 단백질의 구성요소. 한 분자 속에 카르복실기($-COOH$)와 아미노기($-NH_2$)를 갖는 화합물로서, 일반적으로 다음 식으로써 나타낼 수 있다.

$$R - CH - COOH \\ \quad\quad | \\ \quad\quad NH_2$$

R(곁사슬이라고 부른다)의 차이에 따라 여러 가지 종류가 있다.

알데히드
Aldehyde. 알데히드기 $-CHO$를 갖는 화합물. 가장 간단한 알데히드는 포름알데히드(Formaldehyde) $HCHO$이고, 포름알데히드의 수용액이 소독약이나 방부제에 쓰이는 포르말린(Formalin)이다.

RNA

Ribonucleic Acid. 핵산의 한 종류인 리보핵산. 유전자의 본체인 DNA의 정보에 좇아서 단백질을 만들어 내는 과정에서 중요한 역할을 한다.

RNA폴리머라아제

RNA Polymerase. RNA를 합성하는 효소. DNA를 주형으로 하여 그 정보대로 RNA를 합성한다. 즉 전사과정에서 작용한다.

엘라스틴

Elastin. 단백질의 일종. 고무와 같은 탄력성을 지닌 것이 특징이다. 인대, 대동맥, 허파 등에 많다.

아이소펩타이드

Isopeptide. 아미노산의 하나인 라이신(Lysine)은 곁사슬에 아미노기를 갖는다. 또 글루타민산 및 아스파라긴산이라는 아미노산의 곁사슬에는 카르복실기가 있다. 단백질의 사슬 사이에서 이 아미노기와 카르복실기가 반응해서 펩타이드결합에 비슷한 결합을 만드는 수가 있다. 이것이 아이소펩타이드이다(펩타이드결합, 라이신 항목 참조).

카르복실기

Carboxyl Group. —COOH라는 산성(酸性)의 원자단. 카르복실기를 갖는 가장 간단한 화합물의 보기는 초산 CH_3COOH

이다(아미노산 항목 참조).

콜라겐

Collagen. 단백질의 일종. 결합조직의 주성분인 단백질이다. 몸속에서는 보통 섬유(纖維)상태로 존재한다.

크로스링크

Crosslink: 가교(架橋). 단백질이나 핵산 등 거대 분자는 긴 사슬모양의 분자이다. 분자의 사슬이 완성된 뒤 사슬과 사슬 사이에 다리를 놓는 반응이 일어나서 결합이 형성되는 일이 있다. 다리놓기 결합을 크로스링크 또는 가교라고 부른다.

펩타이드결합

어떤 아미노산의 카르복실기와 다른 아미노산의 아미노기가 반응해서 형성되는 결합. 즉

$$H_2N-\underset{\underset{R}{|}}{CH}-COOH + H_2N-\underset{\underset{R'}{|}}{CH}-COOH \rightarrow H_2N-\underset{\underset{R}{|}}{CH}-\underset{\underset{O}{\|}}{C}-NH-\underset{\underset{R'}{|}}{CH}-COOH + H_2O$$

단백질은 수많은 아미노산이 펩타이드결합으로 연결되어 이루어져 있다.

프로테오글리칸

Proteoglycan. 결합조직의 성분의 하나. 단백질에 다당류의 사슬이 수많이 결합해서 이루어져 있다.

피리디놀린

Pyrydinoline. 콜라겐 속으로부터 최근에 발견된 아미노산. 구조는 〈그림 5-6〉 참조. 세가닥사슬을 결합하는 크로스링크의 역할을 지닌다.

하이드록시라이신

Hydroxy Lysine. 아미노산의 하나. 다음과 같은 구조이다.

$$H_2N-CH_2-\underset{OH}{CH}-CH_2-CH_2-\underset{NH_2}{CH}-COOH$$

즉 라이신에 수산기(—OH)가 붙은 구조이다. 콜라겐에만 있고, 보통의 단백질에는 없다. 콜라겐의 합성 도중에서 단백질의 사슬 속의 특별한 라이신이 효소에 의해 수산화되어 생성한다.

히스티디노알라닌

Histidinoalanine. 결합조직의 단백질 속으로부터 최근에 발견된 아미노산. 〈그림 5-8〉 구조를 갖는다. 단백질의 두가닥사슬을 결합하는 크로스링크가 된다.

노화는 왜 일어나는가
젊음을 잃게 하는 메커니즘

초판 1쇄 1993년 05월 30일
개정 1쇄 2019년 06월 07일

지은이 후지모토 다이사부로
옮긴이 고인석
펴낸이 손영일
펴낸곳 전파과학사
주소 서울시 서대문구 증가로 18, 204호
등록 1956. 7. 23. 등록 제10-89호
전화 (02)333-8877(8855)
FAX (02)334-8092
홈페이지 www.s-wave.co.kr
E-mail chonpa2@hanmail.net
공식블로그 http://blog.naver.com/siencia

ISBN 978-89-7044-887-9 (03510)
파본은 구입처에서 교환해 드립니다.
정가는 커버에 표시되어 있습니다.

도서목록
현대과학신서

A1 일반상대론의 물리적 기초
A2 아인슈타인 I
A3 아인슈타인 II
A4 미지의 세계로의 여행
A5 천재의 정신병리
A6 자석 이야기
A7 러더퍼드와 원자의 본질
A9 중력
A10 중국과학의 사상
A11 재미있는 물리실험
A12 물리학이란 무엇인가
A13 불교와 자연과학
A14 대륙은 움직인다
A15 대륙은 살아있다
A16 창조 공학
A17 분자생물학 입문 I
A18 물
A19 재미있는 물리학 I
A20 재미있는 물리학 II
A21 우리가 처음은 아니다
A22 바이러스의 세계
A23 탐구학습 과학실험
A24 과학사의 뒷얘기 I
A25 과학사의 뒷얘기 II
A26 과학사의 뒷얘기 III
A27 과학사의 뒷얘기 IV
A28 공간의 역사
A29 물리학을 뒤흔든 30년
A30 별의 물리
A31 신소재 혁명
A32 현대과학의 기독교적 이해
A33 서양과학사
A34 생명의 뿌리
A35 물리학사
A36 자기개발법
A37 양자전자공학
A38 과학 재능의 교육
A39 마찰 이야기
A40 지질학, 지구사 그리고 인류
A41 레이저 이야기

A42 생명의 기원
A43 공기의 탐구
A44 바이오 센서
A45 동물의 사회행동
A46 아이작 뉴턴
A47 생물학사
A48 레이저와 홀러그러피
A49 처음 3분간
A50 종교와 과학
A51 물리철학
A52 화학과 범죄
A53 수학의 약점
A54 생명이란 무엇인가
A55 양자역학의 세계상
A56 일본인과 근대과학
A57 호르몬
A58 생활 속의 화학
A59 셈과 사람과 컴퓨터
A60 우리가 먹는 화학물질
A61 물리법칙의 특성
A62 진화
A63 아시모프의 천문학 입문
A64 잃어버린 장
A65 별· 은하 우주

도서목록
BLUE BACKS

1. 광합성의 세계
2. 원자핵의 세계
3. 맥스웰의 도깨비
4. 원소란 무엇인가
5. 4차원의 세계
6. 우주란 무엇인가
7. 지구란 무엇인가
8. 새로운 생물학(품절)
9. 마이컴의 제작법(절판)
10. 과학사의 새로운 관점
11. 생명의 물리학(품절)
12. 인류가 나타난 날 I (품절)
13. 인류가 나타난 날 II (품절)
14. 잠이란 무엇인가
15. 양자역학의 세계
16. 생명합성에의 길(품절)
17. 상대론적 우주론
18. 신체의 소사전
19. 생명의 탄생(품절)
20. 인간 영양학(절판)
21. 식물의 병(절판)
22. 물성물리학의 세계
23. 물리학의 재발견〈상〉
24. 생명을 만드는 물질
25. 물이란 무엇인가(품절)
26. 촉매란 무엇인가(품절)
27. 기계의 재발견
28. 공간학에의 초대(품절)
29. 행성과 생명(품절)
30. 구급의학 입문(절판)
31. 물리학의 재발견〈하〉(품절)
32. 열 번째 행성
33. 수의 장난감상자
34. 전파기술에의 초대
35. 유전독물
36. 인터페론이란 무엇인가
37. 쿼크
38. 전파기술입문
39. 유전자에 관한 50가지 기초지식
40. 4차원 문답
41. 과학적 트레이닝(절판)
42. 소립자론의 세계
43. 쉬운 역학 교실(품절)
44. 전자기파란 무엇인가
45. 초광속입자 타키온
46. 파인 세라믹스
47. 아인슈타인의 생애
48. 식물의 섹스
49. 바이오 테크놀러지
50. 새로운 화학
51. 나는 전자이다
52. 분자생물학 입문
53. 유전자가 말하는 생명의 모습
54. 분체의 과학(품절)
55. 섹스 사이언스
56. 교실에서 못 배우는 식물이야기(품절)
57. 화학이 좋아지는 책
58. 유기화학이 좋아지는 책
59. 노화는 왜 일어나는가
60. 리더십의 과학(절판)
61. DNA학 입문
62. 아몰퍼스
63. 안테나의 과학
64. 방정식의 이해와 해법
65. 단백질이란 무엇인가
66. 자석의 ABC
67. 물리학의 ABC
68. 천체관측 가이드(품절)
69. 노벨상으로 말하는 20세기 물리학
70. 지능이란 무엇인가
71. 과학자와 기독교(품절)
72. 알기 쉬운 양자론
73. 전자기학의 ABC
74. 세포의 사회(품절)
75. 산수 100가지 난문·기문
76. 반물질의 세계(품절)
77. 생체막이란 무엇인가(품절)
78. 빛으로 말하는 현대물리학
79. 소사전·미생물의 수첩(품절)
80. 새로운 유기화학(품절)
81. 중성자 물리의 세계
82. 초고진공이 여는 세계
83. 프랑스 혁명과 수학자들
84. 초전도란 무엇인가
85. 괴담의 과학(품절)
86. 전파란 위험하지 않은가(품절)
87. 과학자는 왜 선취권을 노리는가?
88. 플라스마의 세계
89. 머리가 좋아지는 영양학
90. 수학 질문 상자

91. 컴퓨터 그래픽의 세계
92. 퍼스컴 통계학 입문
93. OS/2로의 초대
94. 분리의 과학
95. 바다 야채
96. 잃어버린 세계·과학의 여행
97. 식물 바이오 테크놀러지
98. 새로운 양자생물학(품절)
99. 꿈의 신소재·기능성 고분자
100. 바이오 테크놀러지 용어사전
101. Quick C 첫걸음
102. 지식공학 입문
103. 퍼스컴으로 즐기는 수학
104. PC통신 입문
105. RNA 이야기
106. 인공지능의 ABC
107. 진화론이 변하고 있다
108. 지구의 수호신·성층권 오존
109. MS-Window란 무엇인가
110. 오답으로부터 배운다
111. PC C언어 입문
112. 시간의 불가사의
113. 뇌사란 무엇인가?
114. 세라믹 센서
115. PC LAN은 무엇인가?
116. 생물물리의 최전선
117. 사람은 방사선에 왜 약한가?
118. 신기한 화학매직
119. 모터를 알기 쉽게 배운다
120. 상대론의 ABC
121. 수학기피증의 진찰서
122. 방사능을 생각한다
123. 조리요령의 과학
124. 앞을 내다보는 통계학
125. 원주율 π의 불가사의
126. 마취의 과학
127. 양자우주를 엿보다
128. 카오스와 프랙털
129. 뇌 100가지 새로운 지식
130. 만화수학 소사전
131. 화학사 상식을 다시보다
132. 17억 년 전의 원자로
133. 다리의 모든 것
134. 식물의 생명상
135. 수학 아직 이러한 것을 모른다
136. 우리 주변의 화학물질
137. 교실에서 가르쳐주지 않는 지구이야기
138. 죽음을 초월하는 마음의 과학
139. 화학 재치문답
140. 공룡은 어떤 생물이었나
141. 시세를 연구한다
142. 스트레스와 면역
143. 나는 효소이다
144. 이기적인 유전자란 무엇인가
145. 인재는 불량사원에서 찾아라
146. 기능성 식품의 경이
147. 바이오 식품의 경이
148. 몸 속의 원소 여행
149. 궁극의 가속기 SSC와 21세기 물리학
150. 지구환경의 참과 거짓
151. 중성미자 천문학
152. 제2의 지구란 있는가
153. 아이는 이처럼 지쳐 있다
154. 중국의학에서 본 병 아닌 병
155. 화학이 만든 놀라운 기능재료
156. 수학 퍼즐 랜드
157. PC로 도전하는 원주율
158. 대인 관계의 심리학
159. PC로 즐기는 물리 시뮬레이션
160. 대인관계의 심리학
161. 화학반응은 왜 일어나는가
162. 한방의 과학
163. 초능력과 기의 수수께끼에 도전한다
164. 과학·재미있는 질문 상자
165. 컴퓨터 바이러스
166. 산수 100가지 난문기문 3
167. 속산 100의 테크닉
168. 에너지로 말하는 현대 물리학
169. 전철 안에서도 할 수 있는 정보처리
170. 슈퍼파워 효소의 경이
171. 화학 오답집
172. 태양전지를 익숙하게 다룬다
173. 무리수의 불가사의
174. 과일의 박물학
175. 응용초전도
176. 무한의 불가사의
177. 전기란 무엇인가
178. 0의 불가사의
179. 솔리톤이란 무엇인가?
180. 여자의 뇌·남자의 뇌
181. 심장병을 예방하자